Bibliothèque Tangente
L'aventure mathématique

Tangente Hors-série n° 46

La théorie des jeux

Stratégies et tactiques

AF859715

EDITIONS POLE

ISBN : 9782848841502 **ISSN : 2263-4908** **Commission paritaire : 1016K80883**

La théorie des jeux

Sommaire

DOSSIER

Les jeux qui se prêtent le plus naturellement à une étude théorique sont les « duels de réflexion pure à information complète », qui opposent deux joueurs disposant de toute l'information à chaque instant et ne faisant pas appel au hasard. Les échecs, les dames, les jeux de Nim en sont des exemples.

DOSSIER

Qu'est-ce qui va bien pouvoir différencier les « jeux à information incomplète » des duels de réflexion pure à information complète ? On le devine aisément : c'est soit l'intervention du hasard, soit l'asymétrie de l'information disponible pour les différents joueurs !

(suite du sommaire au verso)

L'une des composantes de nombreux jeux est le hasard. Et qui dit hasard dit probabilités. Mais qu'il soit possible d'étudier les composantes aléatoires d'un jeu est une idée qui ne remonte qu'au XVIIe siècle !

Vivre dans une société organisée suppose d'accepter des règles communes et de les respecter. De là à créer un monde fantastique dans lequel l'imaginaire va être mis à contribution, il n'y a qu'un pas, qui fait des jeux une composante essentielle de notre société.

On retrouve les jeux dans la modélisation de problèmes de la vie courante, qui gagneraient parfois à être reformulés et étudiés à l'aide de la théorie des jeux.

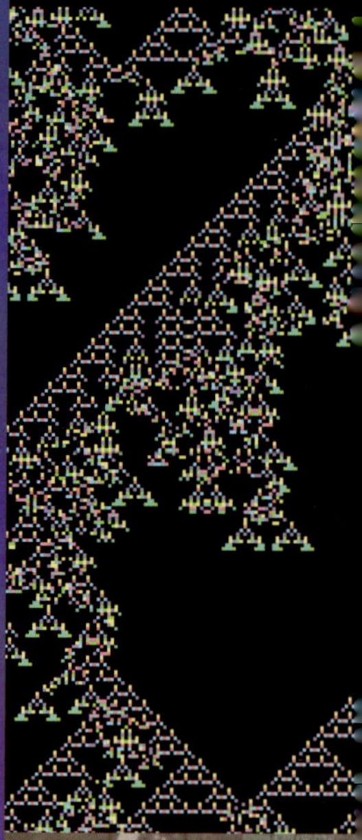

Les jeux et les maths font bon ménage !

Les mathématiques et le jeu présentent une profonde analogie dans leur nature même, puisqu'ils reposent tous deux sur deux piliers : le *jouet* (d'un côté des cartes, un échiquier… et de l'autre des nombres, des figures, des théorèmes…) et une activité régie par des *règles* fixées arbitrairement ou édictées souvent en simplifiant la réalité.

De plus, de nombreux jeux font appel à des objets mathématiques (les points et les lignes pour les marelles, les figures planes pour les tangrams ou les puzzles, la notion de distance pour le jeu de l'oie, les nombres pour des carrés magiques ou des grilles de Sudoku…). Par ailleurs, de nombreux jeux peuvent être résolus en faisant appel à des raisonnements mathématiques (analyse par disjonction des cas, raisonnements par l'absurde…) et même à des théories mathématiques (théorie des graphes pour les jeux de Nim, calcul des probabilités pour des jeux de hasard, théorie des jeux pour des problèmes de concurrence…). Il n'est dès lors pas surprenant de constater que de nombreux mathématiciens, de tous temps et parmi les plus célèbres, se sont adonnés à des jeux mathématiques. Nous allons en rencontrer certains dans les pages qui suivent…

Bibliographie générale en page 155.

Les échecs et les grains de riz

Dès l'Antiquité, des défis mathématiques sont lancés : l'un des plus célèbres est le problème des grains de blé sur un échiquier, posé au brahmane Sissa. Selon la légende, le roi Belkib (vers –3000) s'ennuyait à un point tel qu'il avait promis une fantastique récompense à qui réussirait à le divertir. C'est alors que le sage Sissa lui aurait présenté le jeu d'échecs (ou tout au moins une version archaïque). Le souverain, emballé, voulut tenir sa promesse, mais Sissa lui aurait répondu qu'il souhaitait simplement recevoir… des grains de riz. Mais attention : il en aurait demandé la quantité équivalente à celle se trouvant sur le jeu d'échecs, après en avoir au préalable déposé un grain sur la première case, deux sur la deuxième, quatre sur la troisième…

Mais faisons le calcul. La quantité de grains de riz sur la soixante-quatrième case est, par définition, 2^{63}. Ce qui représente, en faisant la somme $1 + 2 + 4 + \ldots + 2^{63}$, exactement $2^{64} - 1$ grains de riz au total. C'est plus que le nombre de particules que l'on pourrait faire tenir dans tout l'univers connu…

Sofonisba Anguissola, 1555.

par François Lavallou

La naissance de la théorie des jeux

Von Neumann a eu le mérite de comprendre que les comportements interactifs de joueurs ou d'acteurs économiques pouvaient être analysés rationnellement. Son analyse rigoureuse initie la théorie des jeux, nouvelle illustration de l'implacable mathématisation de l'activité humaine.

La respectabilité de la théorie des jeux dans le monde mathématique est établie depuis 1994 par l'attribution du prix de la Banque de Suède en sciences économiques, en mémoire d'Alfred Nobel. En effet, ce « prix Nobel d'économie » a été décerné à John Nash (mathématicien américain né en 1928), Reinhard Selten (économiste allemand né en 1930, un des pères de l'économie expérimentale) et John Harsanyi (économiste hongrois, 1920–2000). Par la suite, Thomas Schelling (économiste américain né en 1921) et Robert Aumann (économiste et mathématicien américano-israélien né en 1930) obtiendront ce prix en 2005 pour avoir *« amélioré notre compréhension des mécanismes de conflit et de coopération par l'analyse de la théorie des jeux »*. Enfin, les économistes américains Leonid Hurwicz (1917–2008), Eric Maskin (né en 1950) et Roger Myerson (né en 1951) se partagent le prix 2007 pour leurs travaux pionniers dans le domaine de la théorie de la conception des mécanismes de marchés.

L'intérêt du monde économique pour la théorie des jeux n'est cependant pas récent. Dès le XIXe siècle, en plein développement industriel, l'activité économique suscite des tentatives de modélisation mathématiques de problèmes, que nous apparentons maintenant à la théorie des jeux.

John von Neumann (1903–1957).

Oskar Morgenstern (1902–1977).

Antoine-Augustin Cournot (1801–1877).

Antoine Cournot, fils de négociant et mathématicien, fut un des premiers à établir un modèle mathématique de l'offre et de la demande. Il publie en 1838 *la Recherche sur les principes mathématiques de la théorie des richesses*, dans lequel il étudie la situation de deux entreprises en situation de duopole. Cette modélisation aboutit à un *équilibre de Cournot* (voir la définition en encadré), qui peut être considéré comme la première formulation d'un équilibre de Nash. Mais le texte fondateur dc la théorie des jeux est sans conteste un article publié en 1928 par John von Neumann, intitulé *Théorie des jeux de société*, dans lequel il expose le théorème fondamental du minimax. Il s'associera en 1944 avec Oskar Morgenstern pour élargir son public avec le livre *Theory of Games and Economic Behavior*, œuvre pionnière en économie. Le coeur de leur contribution est illustré par le modèle du duel à somme nulle.

Un *duel à somme nulle* signifie que le capital en jeu reste constant : tout ce qui est gagné par un joueur est perdu par l'autre. Ce modèle de jeu est peu représentatif de situations réelles mais possède des vertus pédagogiques. Envisageons le cas de deux joueurs, Antal (A) et Béla (B), adversaires dans un jeu dont la table de valeurs est donnée par la matrice ci-dessous. Chaque joueur a le choix entre trois stratégies. Le tableau représente les gains du joueur B : si le couple (A, B) joue la combinaison (V, X), B perd 2 alors que pour le choix (W, Z) il en gagne 2. Le jeu étant à somme nulle, les gains de A et B sont opposés : pour le choix (V, X), A gagne 2. Comment déterminer pour ce jeu, si elle existe, une stratégie optimale, telle qu'un joueur est perdant s'il s'en écarte ? Dans cet exemple, le joueur B, dépourvu d'un don de mentaliste, étudie tous les cas possibles. Il constate que, dans le pire cas (un adversaire clairvoyant), le gain est – 2 pour la stratégie X, 0 pour Y et – 1 pour Z. Il lui semble alors naturel de maximiser le gain minimum (maximin) en choisissant la stratégie Y. La valeur de son jeu est val(B) = maximin = 0. Si A, tout aussi réfléchi, utilise le même raisonnement, il obtient un gain mini-

Équilibre de Cournot

Imaginons le cas, minimaliste, de deux entreprises en duopole. Elles doivent, pour augmenter leur profit, tenir compte du comportement de leur concurrent. Sous certaines conditions, chaque entreprise établit sa courbe de réaction. Pour un marché donné, on estime, pour chaque offre faite, l'offre du concurrent qui optimise nos profits pour un prix qui équilibre l'offre et la demande. On obtient une courbe qui est généralement strictement décroissante. Les deux courbes de réaction sont représentées sur la figure ci-dessous.

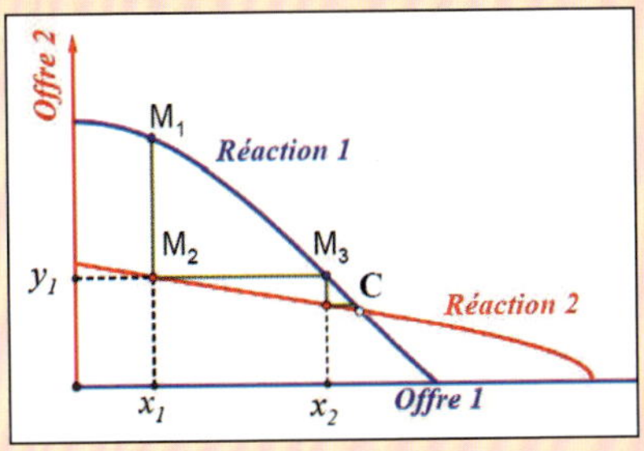

Il y a équilibre si et seulement si les deux entreprises maximisent simultanément leur profit. Ce point d'équilibre ne peut être, s'il existe, que l'intersection des deux courbes de réaction. Dans notre cas, le point C est un point d'équilibre de Cournot, unique et stable. Si les offres initiales des deux entreprises correspondent à M_1, l'entreprise 2 réagit à l'offre x_1 de l'entreprise 1 en abaissant son offre à la valeur y_1 pour se positionner sur sa courbe de réaction en M_2. C'est alors à l'entreprise 1 de réagir pour se positionner en M_3, et ainsi de suite jusqu'à convergence vers le point d'équilibre C. Notons que si nous intervertissons les courbes de réaction, le point d'équilibre est toujours C, mais il est alors instable.

mum de – 2 pour le choix de U, 0 pour V et – 3 pour W. Il décide donc de choisir la stratégie V qui lui garantit le *maximum minimorum*. La valeur val(A) de son jeu est alors égale à 0, qui correspond au choix de stratégies (V, Y). C'est une position d'équilibre du jeu puisque val(A) = – val(B).

En est-il toujours ainsi ? Si nous notons $M = (m_{i,j})_{\substack{i=1,2,3\\j=1,2,3}}$ et $N = (n_{i,j})_{\substack{i=1,2,3\\j=1,2,3}}$ les matrices de gain pour les joueurs A et B, nous venons de voir que

$$\text{val(B)} = \text{maximim} = \max_j\left(\min_i(m_{i,j})\right).$$

Puisque le jeu est à somme nulle, nous avons $N = -\,{}^tM$, où ${}^tM$ est la matrice transposée de M : $n_{i,j} = -m_{j,i}$ pour tout couple d'indices. La valeur du jeu pour le joueur A est donc

$$\text{val(A)} = \max_j\left(\min_i(n_{i,j})\right) = \max_j\left(\min_i(-m_{j,i})\right)$$

$$= -\min_i\left(\max_j(m_{i,j})\right), \text{ puisque}$$

$$\max_i(-\alpha_i) = -\min_i(\alpha_i)$$

quels que soient les nombres α_i.

Pour avoir une position d'équilibre de ce jeu à somme nulle, nous devons avoir val(A) = – val(B), c'est-à-dire

$$\max_j\left(\min_i(m_{i,j})\right) = \min_i\left(\max_j(m_{i,j})\right).$$

Cette relation est souvent résumée par la formule : **maximin = minimax**.

Le point d'équilibre (V, Y) est appelé un *point selle*, car la valeur du jeu qui lui est associée est à la fois la plus petite valeur de sa colonne (puisque minimale pour B) et la plus grande de sa ligne (puisque opposée à un minimum pour A). Si nous notons $A_0 = {}^t(0\ 1\ 0)$ et $B_0 = {}^t(0\ 1\ 0)$ les stratégies gagnantes de A et B, la valeur (ou l'espérance) du jeu est : minimax $= {}^tA \times M \times B_0 = 0$ (voir le tableau n°1).

Cette écriture va permettre de généraliser le problème aux stratégies mixtes.

Stratégies mixtes

Pour étoffer nos possibilités de jeu, proposons maintenant aux joueurs d'utiliser une stratégie mixte, c'est-à-dire de choisir les stratégies pures selon une certaine pondération probabiliste. Si le joueur A choisit de jouer U avec la probabilité p_1, V avec la probabilité p_2 et W avec la probabilité p_3, nous noterons $A = {}^t(p_1\ p_2\ p_3)$ sa stratégie mixte, avec

Le jeu d'Émile franc

Dans son premier article de 1921, Émile Borel propose en exemple le jeu suivant. Deux joueurs, A et B, choisissent et ordonnent trois nombres entiers positifs dont la somme est égale à 7 :

$$\begin{cases} x_A + y_A + z_A = 7 \\ x_B + y_B + z_B = 7 \end{cases}$$

Un joueur gagne si deux des nombres qu'il a choisis sont supérieurs aux nombres de même rang de son adversaire (trois est évidemment impossible !). Ainsi, le joueur A gagne si $(xB - xA)(yB - yA)(zB - zA) > 0$ et perd dans le cas contraire, avec une partie nulle si ce produit l'est aussi.

Dans notre cas, la valeur 7 de la somme est le plus petit entier pour lequel le jeu ne présente pas de stratégie optimale ! Ainsi, pour une somme égale à 6, le choix optimal est le triplet (2, 2, 2). Le joueur fait partie nulle avec toutes les partitions comprenant un 2, et gagne contre celles qui restent, qui sont les permutations du triplet (4, 1, 1).

bien sûr $p_1 + p_2 + p_3 = 1$. Les stratégies pures, en nombre fini, apparaissent donc comme des cas particuliers parmi l'infinité de stratégies mixtes. Pour le problème précédent, si B joue la stratégie pure $B_0 = {}^t(0\ 1\ 0)$, son gain est, suivant le choix de A,

$$ {}^t A \times M \times B_0 = p_1 + 3p_3 \geq {}^t A_0 \times M \times B_0 = 0. $$

Le joueur A peut donc minimiser le gain de B, et donc ses propres pertes, en choisissant $p_1 = p_3 = 0$, c'est-à-dire la stratégie A_0. De même, pour la stratégie pure A_0 et la stratégie mixte $B = {}^t(q_1\ q_2\ q_3)$, le gain de Béla est

$$ {}^t A \times M \times B_0 = -(2q_1 + q_3) \leq {}^t A_0 \times M \times B_0 = 0, $$

qui est maximum pour $B = B_0$.

Ces résultats sont justifiés par le théorème, dit du minimax, de von Neumann, théorème fondamental de la théorie des jeux. Si nous notons S_n l'ensemble des stratégies mixtes de dimension n, ce théorème précise que, pour toute matrice A de n lignes et m colonnes, il existe au moins un point d'équilibre (X_0, Y_0) tel que :

$$ \max_{X \in S_m} \min_{Y \in S_m} {}^t YAX = \min_{Y \in S_m} \max_{X \in S_m} {}^t YAX = {}^t Y_0 A X_0 . $$

De plus, s'il y a plus d'un point d'équilibre, il y en a alors une infinité.

Ce théorème permet de résoudre les jeux ne possédant pas de points selles, comme le jeu de pile ou face, ou celui de Pierre (P), feuille (F), ciseaux (C), dont la table de gain pour B est la matrice M représentée dans le tableau n°2.

Puisque la matrice M est antisymétrique (c'est-à-dire qu'elle vérifie $M = -{}^t M$), nous avons

$$ \max_j \left(\min_i (m_{i,j}) \right) = \max_j \left(\min_i (-m_{j,i}) \right) = -\min_i \left(\max_j (m_{i,j}) \right), $$

c'est-à-dire maximin = – minimax = – 1. Il est donc impossible d'avoir un point selle, puisque le maximin est différent du minimax ! La solution est de choisir la stratégie mixte $X = {}^t(1/3\ 1/3\ 1/3)$ pour les deux joueurs, ce qui revient à choisir *au hasard* un des trois objets P, F ou C.

A B	X	Y	Z	Max
U	– 1	1	2	2
V	– 2	0	– 1	0
W	1	3	2	3
Min	– 2	0	– 1	

Tableau n°1.

A B	P	F	C
P	0	1	–1
F	– 1	0	1
C	1	–1	0

Tableau n°2.

À la suite de von Neumann, Nash déterminera la meilleure façon de jouer dans un jeu à somme nulle. Et leurs héritiers actuels établissent une théorie des jeux à champ moyen, dans laquelle le nombre de joueurs tend vers l'infini (voir le hors série 40 de la Bibliothèque Tangente).

F. L.

Bibliographie

La théorie du jeu et les équations intégrales à noyau symétrique. Émile Borel, Comptes rendus de l'Académie des sciences, 1921

Sur les jeux où le hasard se combine avec l'habileté des joueurs, Émile Borel, Comptes rendus de l'Académie des sciences, 1923

Un théorème sur les systèmes de formes linéaires à déterminant symétrique gauche, Émile Borel, Comptes rendus de l'Académie des sciences, 1926

Le dilemme du prisonnier. William Poundstone, Cassini, 2003.

Les frères ennemis des jeux mathématiques

L'Américain Sam Loyd et le Britannique Henry Dudeney sont deux autodidactes. Ils ont collaboré à la création d'énigmes mathématiques qui ont diverti des générations de gens curieux et inspiré les mathématiciens.

Samuel Loyd (1841–1911).

Henry Ernest Dudeney (1857–1930).

Mathématiciens professionnels et amateurs de mathématiques ont toujours échangé des énigmes. Le premier recueil en français de jeux mathématiques, *Problèmes plaisans et délectables qui se font par les nombres* (Bachet de Méziriac), date du XVIe siècle. Plus tard, l'Américain Sam Loyd et le Britannique Henry Dudeney seront les maîtres du domaine et inventeront divers problèmes, dont les variantes occupent toujours les amateurs. Les auteurs modernes de jeux mathématiques s'inspirent volontiers des nouveautés mathématiques : Loyd et Dudeney, autodidactes forts de leur ignorance, créèrent des énigmes qui donnèrent du grain à moudre aux mathématiciens. Ainsi, les *nombres de Dudeney* sont toujours étudiés aujourd'hui. Un nombre de Dudeney est un entier qui est un cube parfait, tel que la somme de ses chiffres est égale à la racine cubique de ce nombre. Un exemple est
$512 = 8 \times 8 \times 8$, et $5 + 1 + 2 = 8$.

Dudeney était un fonctionnaire et le resta toute sa vie. S'il n'avait pas la verve de Sam Loyd, il était probablement meilleur mathématicien. On lui doit notamment le premier essai de partition d'un carré en carrés adjacents de tailles différentes, problème qui ne fut totalement résolu que des dizaines d'années plus tard. La dissection était un thème favori de Dudeney, qui inventa aussi la dissection d'un carré en un triangle équilatéral.

Découpage d'un carré en un triangle équilatéral de même aire, par Henry Dudeney.

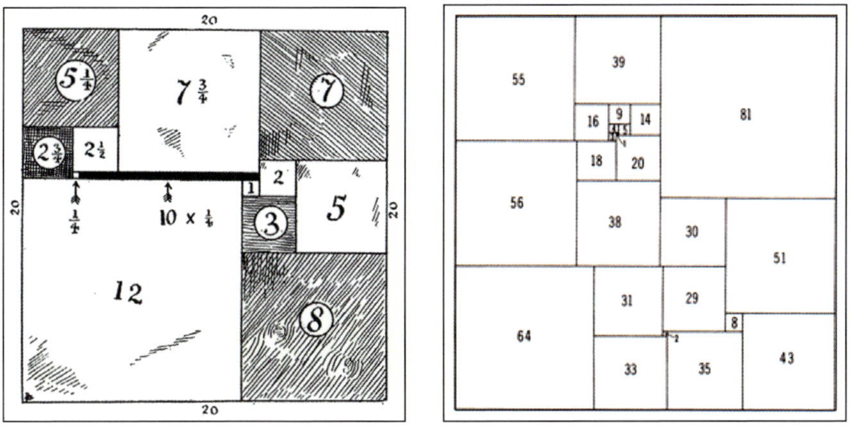

La tentative de Dudeney de partager un carré en carrés de tailles différentes. Il reste hélas un rectangle (figure de gauche)…. Le problème a été résolu en 1939 grâce à la théorie des circuits électriques par Roland Sprague, qui souhaitait démontrer que le problème était… insoluble ! La solution proposée dans la figure de droite, plus simple que celle de Sprague, est de Theophilus Harding Willcocks, un mathématicien amateur.

Le thème du découpage d'un polygone en un autre a fait florès : Hilbert a en effet démontré que si deux polygones sont d'aires égales, alors il existe un découpage de l'un en un nombre fini de polygones qui permet de recouvrir exactement le second sans chevauchement. En décomposant le polygone en triangles, on y arrive toujours, mais le défi est de trouver une décomposition d'un polygone en l'autre qui se fait avec un nombre minimal de polygones. Sam Loyd envoya ses jeux mathématiques à Dudeney en 1893. Les deux hommes échangèrent de nombreuses lettres, jusqu'à ce que le Britannique se fâche et accuse Loyd de lui voler ses idées. Sa fille a raconté qu'il parlait de Loyd avec une rare colère, et qu'il l'assimilait au diable (on mesure mieux ses propos lorsque l'on sait que Dudeney était un anglican pratiquant sincère et d'une honnêteté intellectuelle absolue). Dudeney est l'inventeur du problème insoluble des trois maisons qui doivent, par un graphe planaire sans recoupement, être alimentées en eau, gaz et électricité. Ce problème de théorie des graphes aura de subtils et abondants prolongements. Dudeney inventa également ce qu'il dénomma l'*arithmétique verbale*. Dans l'exemple le plus fameux, SEND + MORE = MONEY, il s'agit de remplacer chaque lettre par un chiffre de sorte que l'addition soit exacte (des lettres différentes correspondent à des chiffres distincts).

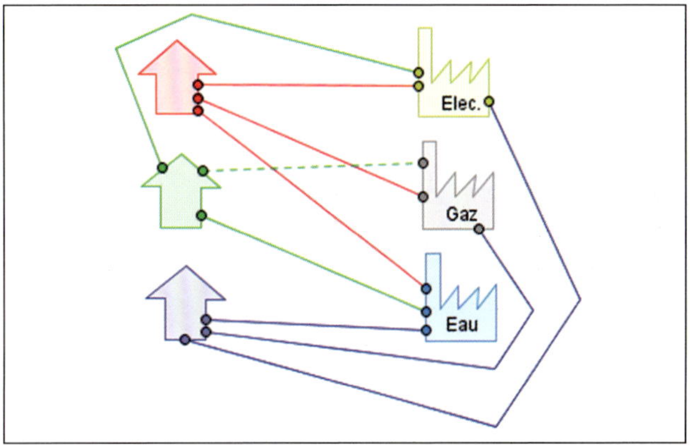

Il est impossible d'approvisionner trois maisons en eau, gaz, électricité sans que les tuyaux se coupent… sauf si un tuyau peut passer à travers une maison pour aller vers une autre !

Un personnage un peu taquin

Sam Loyd était un personnage plus truculent que le sérieux Dudeney. Il fut associé à son ami Phineas Taylor Barnum, fondateur du plus grand chapiteau du monde, et lui procurait des *teasers* que celui-ci exploitait pour attirer des clients à qui il promettait la solution s'ils achetaient un billet d'entrée. On raconte que périodiquement Barnum oubliait la solution et la redemandait à Loyd… Ce fut peut-être le cas du *teaser* célèbre représentant deux chevaux et leurs jockeys.

L'énigme du taquin dessinée par Sam Loyd. En faisant glisser les carrés, il est illusoire d'essayer de revenir au bon ordre 1, 2, 3, 4, 5, 6, 7, 8, 9, 10, 11, 12, 13, 14, 15, d'où le désespoir de l'agriculteur…

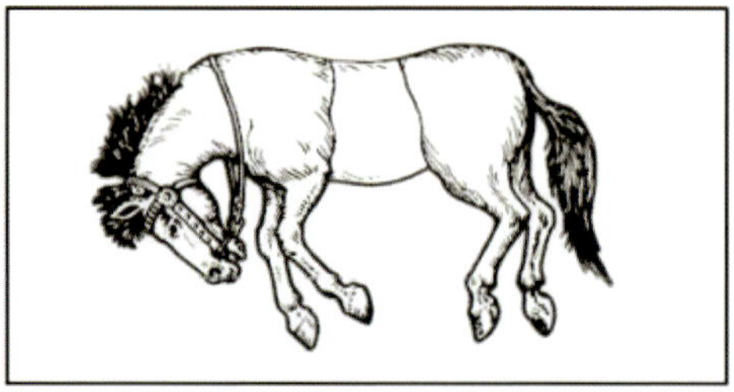

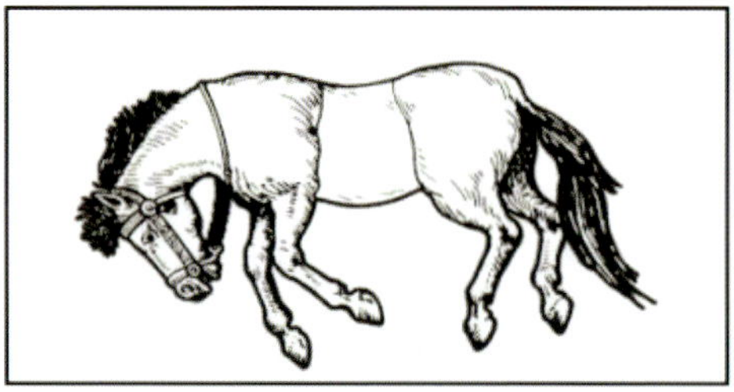

Découpez les trois cartes et mettez les jockeys sur les chevaux. Ce n'est pas aussi facile qu'il y paraît, essayez ! Solution sur http://users.dickinson.edu/~richesod/horses.html .

Sam Loyd inventa le jeu de Taquin en 1873, précurseur des jeux par glissement et du Cube hongrois. Le jeu fut étudié par deux mathématiciens de l'époque, lesquels montrèrent que, si l'on échangeait exactement deux chiffres, il était impossible de revenir à la configuration initiale. Loyd avait publié ce problème d'interversion de carrés, promis 1 000 $ à celui qui le résoudrait, et reçut des millions de réponses, évidemment toutes fausses. Il illustrait ses problèmes et les plaçait souvent dans un contexte exotique ou féerique, ce qui attirait le lecteur et l'incitait à relever le défi.

En faisant tourner la Terre, on fait disparaître un Chinois. Où est-il passé ?

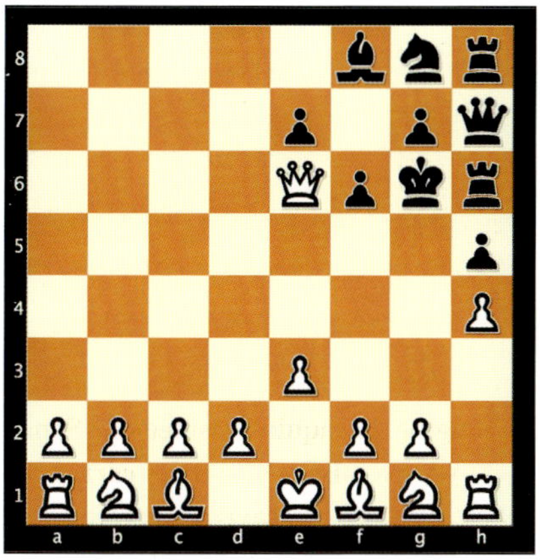

Pat pour les noirs après un nombre minimal de coups : 1. e3 a5, 2. Qh5 Ra6, 3. Qxa5 h5, 4. Qxc7 Rah6, 5. h4 f6, 6. Qxd7+ Kf7, 7. Qxb7 Qd3, 8. Qxb8 Qh7, 9. Qxc8 Kg6, 10. Qe6 0-0.

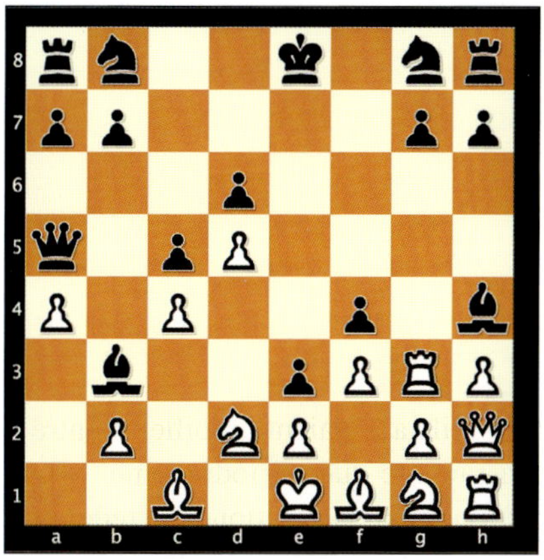

Pat pour les blancs avec toutes les pièces sur l'échiquier : 1. d4 d6, 2. Qd2 e5, 3. a4 e4, 4. Qf4 f5, 5. h3 Be7, 6. Qh2 Be6, 7. Ra3 c5, 8. Rg3 Qa5+, 9. Nd2 Bh4, 10. f3 Bb3, 11. d5 e3, 12. c4 f4 0-0.

Comme beaucoup de créateurs de l'époque, Loyd fut attiré par la prestidigitation (comme son illustre continuateur et éditeur Martin Gardner). Son jeu sur la disparition d'un Chinois témoigne de son goût pour les « disparitions ».

Loyd créa aussi les tangrams, qu'il breveta et qui lui rapportèrent une fortune (heureux temps où les auteurs de jeux mathématiques pouvaient vivre de leurs créations !). Il était par ailleurs un piètre joueur d'échecs (la seule fois où il participa à un tournoi, il se classa avant-dernier), mais un fabuleux créateur de problèmes et d'études (voir l'article en pages 40 et 41 pour les notations utilisées aux échecs). Il trouva la plus courte partie (en dix coups) amenant au pat, ainsi qu'une position de pat où toutes les pièces sont sur l'échiquier. Étonnant, non ?
À l'époque de Dudeney et de Loyd, les jeux de réflexion étaient très à la mode et il existait des journaux spécialisés dans la discipline. Nul doute que l'activité mathématique ludique créa de nombreuses vocations de mathématiciens ou de scientifiques. Peut-être les concours de jeux mathématiques contribuent-ils à la floraison de mathématicien en herbe ? Laissons conclure Henry Dudeney : *« L'histoire des énigmes et jeux mathématiques retrace les progrès de la pensée humaine rationnelle. »*

P. B.

http://therese.eveilleau.pagesperso-orange.fr

Bibliographie

Sam Loyd, un précurseur des mathématiques ludiques. Joëlle Lamon, Compte-rendu de l'atelier 36 des Journées nationales de l'APMEP, 2007.
Sur Dudeney, voir le site *Mathématiques magiques* de Thérèse Eveilleau.
Jeux mathématiques. Numéro spécial 59 de *Pour la Science*, 2008.

par J. Bair et J. Lamon

Une typologie des jeux

L'encodage des mots « jeux mathématiques » sur des moteurs de recherche livre une multitude de réponses, ce qui rend vraisemblablement impossible toute typologie unique et indiscutable. Néanmoins, il est possible de construire diverses classifications en retenant certains critères. En voici un petit échantillon.

Le mot « jeu » est polysémique. Les dictionnaires en donnent des dizaines d'acceptions, dont la première est semblable à celle-ci : *« activité physique ou intellectuelle non imposée et gratuite, à laquelle on s'adonne pour se divertir, en tirer un plaisir »* (dans le *Petit Larousse illustré*). Dans son livre *les Jeux et les Hommes* (Gallimard, 1967), Roger Caillois présente le jeu comme *« une activité qui doit être libre (l'activité doit être choisie pour conserver son caractère ludique), séparée (circonscrite dans des limites d'espace et de temps), incertaine (l'issue n'est pas connue à l'avance), improductive, réglée (elle est soumise à des règles qui suspendent les lois ordinaires), fictive (accompagnée d'une conscience fictive de la réalité seconde) »*. D'après ces considérations, il n'est pas interdit de penser, à l'instar de Ludwig Wittgenstein (1889–1951), que les mathématiques peuvent être *« comparées à un jeu »*, ou même, selon Antoine-Augustin Cournot (1801–1877), que *« les mathématiques sont un pur jeu d'esprit »* ; cette pensée est précisée

Le Rubik's Cube est le jeu de permutation d'objet le plus connu.

par le mathématicien espagnol Miguel de Guzman (1936–2004), qui énonce la formule suivante : *« Les mathématiques sont toujours un jeu, bien qu'elles soient, en outre, beaucoup d'autres choses. »* L'étude mathématique des jeux a conduit à la création d'une discipline, baptisée *théorie des jeux*. Née à la fin du siècle dernier sous l'impulsion du mathématicien John von Neumann, cette nouvelle matière connaît de nombreuses applications en économie, en politique, en sociologie... Il existe différentes typologies des jeux ; les plus usitées sont liées à la nature ou au fonctionnement des jeux.

Le rôle du hasard

On peut classer les jeux en deux grandes catégories selon que le hasard y intervient ou non. Une première classe comprend les jeux dits *de hasard*, car celui-ci y joue un rôle certain, soit en début de partie (comme dans des jeux de cartes, qui sont réparties aléatoirement entre les joueurs), soit lors du déroulement du jeu (comme c'est le cas dans un jeu de l'oie par exemple).

Une seconde classe se compose des jeux qualifiés de *déterminés*, dans la mesure où le hasard y est absent (ou pourrait l'être) : seules y interviennent les décisions réfléchies des joueurs. Bien entendu, des jeux peuvent aussi être mixtes, c'est-à-dire à la fois de hasard et déterminés. Un autre critère possible concerne l'information disponible pour les joueurs. Un jeu peut être *à information complète* lorsque chacun des joueurs dispose à tout moment des mêmes informations que les autres joueurs pour effectuer ses choix. Par contre, un jeu est *à information incomplète* lorsque les joueurs jouent simultanément leur coup ou lorsque des éléments du jeu ne sont pas connus de tous les joueurs.

Le point de vue de von Neumann

Pour John von Neumann, les jeux à information complète n'appartiennent pas à la théorie des jeux. Dans son livre *Ascent of Man*, le mathématicien Jacob Bronowski (1908–1974) raconte l'anecdote suivante :
« Durant la Seconde Guerre mondiale, je travaillais avec Johnny von Neumann en Angleterre. La première fois qu'il me parla de théorie des jeux, ce fut dans un taxi à Londres – l'un de ses endroits favoris pour parler de mathématiques. Et je lui dis naturellement, puisque j'étais un joueur d'échecs passionné : "Vous voulez dire, la théorie des jeux tels que le jeu d'échecs." "Non, non, *répondit-il,* les échecs ne sont pas un jeu. Il s'agit d'une forme bien définie de calcul. Il se peut que vous ne soyez pas en mesure de trouver les réponses, mais en théorie il doit y avoir une solution, une marche à suivre pour n'importe quelle position. Au contraire, les vrais jeux, *dit-il,* ne sont absolument pas comme cela. La vie réelle n'est pas comme cela. La vie réelle est constituée de bluffs, de petites tactiques de tromperie, de questions sur ce que l'autre pense que je vais faire. Voilà le type de jeux évoqués dans ma théorie." »

A.B.

La popularité du Rubik's Cube a donné lieu à la création de différentes variantes. De haut en bas : La sphère, le cube tronqué et le cuboctaèdre.

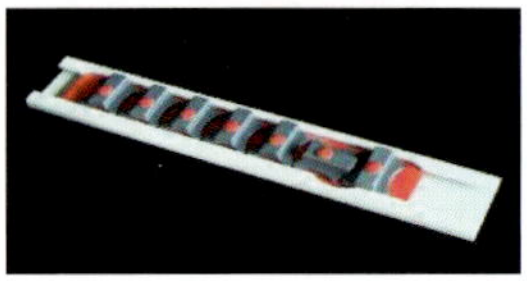

Jeu d'assemblage.

Casse-tête topologique.

En réunissant les deux derniers critères, Michel Boutin, dans son livre *le Livre des jeux de pions* (Bornemann, 1999), propose une typologie comprenant cinq catégories :

- les jeux déterminés à information complètes : jeu d'échecs, de dames…
- les jeux déterminés à information incomplète : bataille navale, Mastermind, Stratego…
- les jeux mixtes à information complète : backgammon, Nouveaux Mondes…
- les jeux mixtes à information incomplète : bridge, belote, poker, Scrabble…
- les jeux de pur hasard : jeu de l'oie, jeux de dés…

Signalons encore que, dans les ouvrages spécialisés en théorie des jeux, les auteurs distinguent souvent :

- les jeux à deux joueurs ou à plus de deux joueurs ;
- les jeux *à somme nulle* (pour deux joueurs, le gain de l'un est égal à la perte de l'autre) ou à somme non nulle ;
- les jeux *déterminés* (pour lesquels existe une stratégie pure) ou non (avec des stratégies mixtes) ;
- les jeux *équilibrés* (un jeu à somme nulle pour deux joueurs est équilibré lorsque sa valeur est nulle, c'est-à-dire quand aucun des joueurs ne gagne ni ne perd) ou non ;
- les jeux *coopératifs* (les joueurs peuvent former une coalition pour obtenir chacun un meilleur résultat) ou non coopératifs ;
- les jeux *simultanés* (le joueurs expriment en même temps leurs choix stratégiques) ou séquentiels ;
- les jeux où une partie peut être répétée (avec la connaissance de chaque résultat intermédiaire) ou non ;
- les jeux *finis* (au sein desquels l'ensemble des stratégies possibles de chacun des protagonistes est fini) ou infinis.

Les typologies des jeux sont nombreuses en raison de l'immense variété de l'univers des jeux, beaucoup de divertissements apparaissant comme des problèmes isolés.

La classification idéale dépendra essentiellement des priorités données à certaines caractéristiques d'un jeu par rapport à d'autres : contenu mathématique abordé, présence ou non de hasard, caractère complet ou non de l'information, possibilité de recherche de stratégie optimale, démarches mentales suscitées, degré de compétition entre les joueurs, nombre de joueurs, aspect extérieur du jeu…

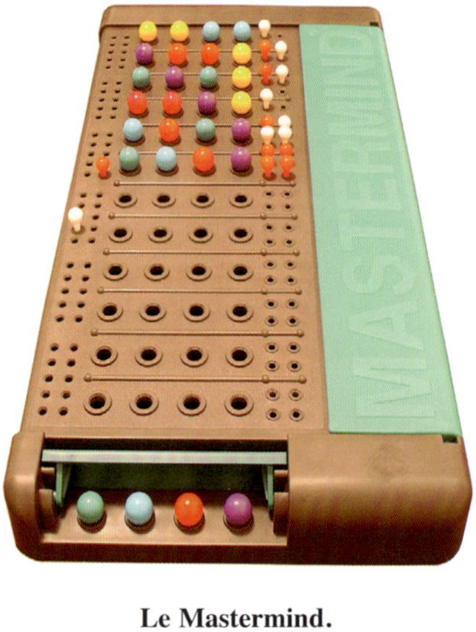

Le Mastermind.

Une typologie des jeux mathématiques

Poursuivons en essayant de regrouper les jeux dans quelques grandes familles, même si une telle classification, qui a le mérite d'être simple, ne donne pas forcément entière satisfaction, dans la mesure où certains jeux peuvent se retrouver dans plusieurs catégories, tandis que d'autres restent assurément inclassables. Nonobstant cette objection, voici une première tentative dans cette direction, assez proche de celle réalisée par Michel Criton dans *les Jeux mathématiques* (Presses universitaires de France, 1998) :

- Crucinumérisme : les nombres fléchés, le Sudoku, les carrés magiques, les cryptarithmes…
- Jeux de déplacement de pions ou d'objets : les taquins, les solitaires, les jeux de Nim, les jeux d'échecs ou de dames…
- Jeux de cartes : tarot, bridge, belote, canasta, manille, bataille…
- Jeux de hasard : pile ou face, jeu de l'oie…
- Jeux de permutation d'objets : les taquins, les casse-tête apparentés au Rubik's Cube, les tours de Hanoï…
- Jeux de pliage : origami…
- Jeux d'assemblage : volumes en bois, pentaminos, puzzles, tangam…
- Casse-tête topologiques : séparer des assemblages métalliques plus ou moins complexes, nœuds, labyrinthes…
- Paradoxes : logiques (par exemple liés à l'autoréférence), numériques, géométriques (comme les illusions d'optique)…
- « Récréations » mathématiques, comme le jeu de la vie, les problèmes d'allumettes, les curiosités mathématiques…

Une classification assez proche consiste à rassembler les jeux en domaines mathématiques (plus ou moins détaillés pour équilibrer le nombre de jeux proposés) : logique, nombres, grandeurs, orientation dans le plan et dans l'espace, puzzles

Une version du taquin.

à deux et trois dimensions, transformations et objets géométriques… Une autre façon, aisée et pragmatique, de réaliser une typologie des jeux mathématiques consiste à les classer dans plusieurs grandes catégories selon les « possibilités de les rencontrer ». En recourant à ce critère, on obtient par exemple cette classification :

- les problèmes ou énigmes mathématiques : revues spécialisées (dont *Jeux et Stratégies* aux éditions POLE), livres consacrés à ce sujet (comme ceux de Yakov Perelman, Martin Gardner, Raymond Smullyan), publications de l'APMEP et de divers IREM, rubriques spécialisées dans différents journaux (Sudoku, nombres fléchés…) ;
- les jeux de société du commerce, faisant intervenir, d'une manière ou d'une autre, une activité mathématique (par exemple le solitaire, le jeu de go, le jeu d'échecs, le Mastermind, Puissance 4, Quarto, Magix 34, Mathador…) ;
- les jeux et défis électroniques ou trouvés sur Internet, comme sur les sites http://therese.eveilleau.pages-perso-orange.fr/, http://www.recreomath.qc.ca/jeu.htm ou http://www.diophante.fr/ ;
- les compétitions mathématiques, telles que les Olympiades mathématiques, le Championnat des jeux mathématiques

Le Quarto.

et logiques organisé par la Fédération française des jeux mathématiques, de multiples rallyes (notamment ceux organisés par différents IREM) dont des exemples sont repris dans les revues Panoramath ;

- jeux et défis construits par les professeurs avec des objectifs pédagogiques.

Une possibilité encore différente de classer les jeux consiste à reprendre la classification ESAR utilisée dans les ludothèques, qui distingue :

- des types de jeux (Exercice, Symbolique, Assemblage, Règles, et parmi ces dernières : jeux de stratégie, de hasard, mathématique ou d'énigme) ;
- des habiletés cognitives liées au niveau d'abstraction, présenté sous la forme de différentes conduites (intuitive comme le triage, l'appariement et les différenciations ; opératoire concrète comme la classification, la sériation, le dénombrement, les opérations numériques, les relations spatiales ; opératoire formelle comme différentes types de raisonnement : hypothético-déductif, inductif, analogique ou combinatoire) ;
- des habiletés fonctionnelles comme l'exploration, la reproduction, la compétence, utilisant les différentes mémoires ou l'orientation, et la performance, sous forme de rapidité, de précision ou de concentration ;
- des activités sociales selon que les jeux sont plutôt individuels, associatifs, compétitifs ou coopératifs ;
- des habiletés langagières ;
- des conduites affectives.

Quelle que soit leur classification, les jeux peuvent apporter bien des satisfactions : n'est-ce pas au final le plus important ?

J. B. & J. L.

Bibliographie

La théorie des jeux. Jacques Bair, Bibliothèque Tangente 39 (Mathématiques discrètes et combinatoire).

Gagner au jeu grâce au noyau d'un graphe. Jacques Bair, Bibliothèque Tangente 37 (Les algorithmes).

www.jeuxmathematiquesbruxelles.be/fiches-des-jeux/

Origami.

Les jeux à information complète

Les jeux qui se prêtent le plus naturellement à une étude théorique sont les « duels de réflexion pure à information complète », qui opposent deux joueurs disposant de toute l'information à chaque instant et qui ne font pas appel au hasard. On pense bien évidemment aux échecs ou aux dames, mais on commencera par une famille de jeux simples mais d'une grande richesse : les jeux de Nim.

De nombreux outils mathématiques, au premier rang desquels figure la théorie des graphes, permettent en principe de percer les secrets de ces jeux, aussi complexes et variés qu'ils soient. Heureusement pour leur intérêt, ni l'esprit humain, ni même encore les ordinateurs, n'ont la puissance suffisante pour en venir à bout dans la pratique.

par É. Busser et G. Cohen

Un graphe pour représenter un jeu

La théorie des graphes permet de modéliser, mais également de représenter, de façon évocatrice, un grand nombre de jeux. Dans le cas des « duels finis », cette représentation porte en elle les stratégies menant au gain de la partie.

Il est normal que lorsqu'on parle de jeux, fussent-ils mathématiques, on envisage aussi des jeux qui opposent deux protagonistes (voire plus). Voici donc une première incursion dans ces duels, plus précisément dans le champ que les théoriciens appellent les *jeux finis de réflexion pure à information complète*, qui vérifient les six conditions suivantes :

- le nombre possible de situations est fini ;
- chacun des deux joueurs a la connaissance exacte de la situation dans laquelle il se trouve ;
- le hasard n'intervient pas ;
- la règle du jeu est la même pour les deux joueurs A et B, qui jouent à tour de rôle ;
- une partie n'a que deux issues possibles : soit le joueur A gagne, soit le joueur B ;
- le but du jeu est d'atteindre une des positions parmi celles dont la règle indique qu'elles sont victorieuses.

Un graphe orienté est alors tout à fait indiqué pour modéliser le jeu. Chacune des situations y est représentée par un sommet, d'où partent des arêtes munies de flèches qui décrivent l'ensemble des coups permis par la règle du jeu, et mènent à de nouvelles situations.

Prenons pour exemple un jeu des plus élémentaires, la Course à 8. On part de l'entier 0. Les joueurs, à tour de rôle, ajoutent 1 ou 2 au nombre annoncé par le joueur précédent. Celui qui parvient à 8 a gagné. Le graphe suivant permet de représenter entièrement le jeu.

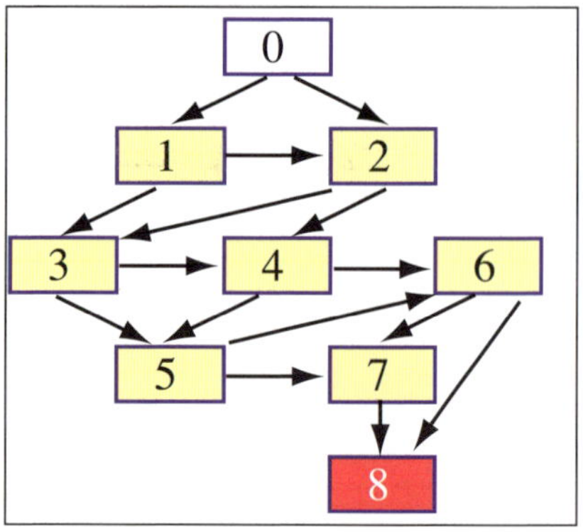

Graphe de la Course à 8. Les cases numérotées représentent les situations, les flèches les coups permis. La case rouge est l'objectif à atteindre par les joueurs pour gagner la partie.

Situations gagnantes, situations perdantes

On voit clairement que le joueur qui se trouve dans l'une des situations 6 ou 7 va gagner la partie. Il lui suffira en effet d'ajouter, selon le cas, 2 ou 1 pour l'emporter. On dit que les situations 6 et 7 sont *gagnantes*, et on colorie leurs cases en vert.
Mais alors, celui qui se retrouve dans la situation 5, ne pouvant ajouter que 1 ou 2, va laisser à son adversaire dans tous les cas une situation gagnante. La situation 5 est donc perdante pour celui qui en hérite, et on colorie la case en rouge. Du coup, celui qui se trouve en situation 3 ou 4 a la possibilité, en ajoutant respectivement 2 ou 1, de laisser à son adversaire une situation perdante. Les situations 3 et 4 sont donc gagnantes.
On remonte le graphe, avec le même raisonnement. La situation 2 est perdante, tandis que les situations 0 et 1 sont gagnantes.

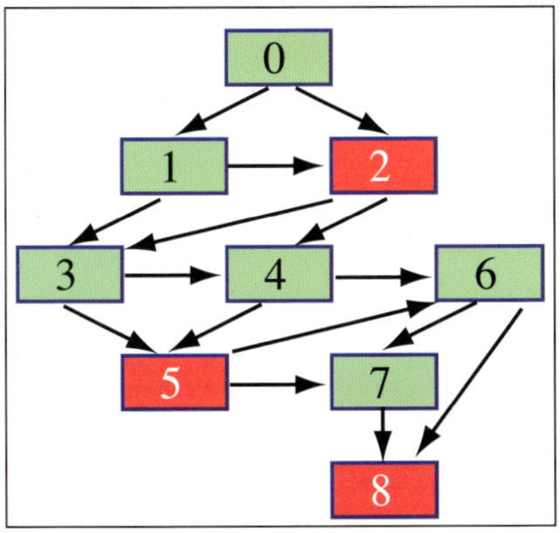

Ainsi, la case 0 est gagnante. Cela signifie que le premier à jouer va gagner la partie s'il adopte la meilleure stratégie. Et cette stratégie, le graphe la lui indique : il doit, chaque fois qu'il jouera, passer d'une case verte à une case rouge.
On peut généraliser ce raisonnement à tous les duels finis à information complète. On peut toujours répartir les situations de jeu en deux classes : les situations gagnantes (ou fortes) pour le joueur qui en hérite, et bien sûr, les situations perdantes (ou faibles) pour ce même joueur.
Une situation sera dite *gagnante* (pour le joueur qui l'atteint) s'il existe à partir d'elle une situation perdante (pour l'adversaire) à laquelle il lui est possible de parvenir. Une situation est *perdante* (toujours pour le joueur qui l'atteint) si, quelle que soit sa façon de jouer, il ne peut parvenir qu'à une situation gagnante (pour l'adversaire).
La construction de ces situations s'opère en remontant le graphe depuis les situations fixées comme objectif par la règle, qui seront gagnantes pour celui qui y parvient, et donc « perdantes » pour le joueur qui s'y trouve confronté.

Et si le match nul est permis ?

On peut étendre l'étude aux duels finis, de réflexion pure et à information parfaite, dans lesquels les situations finales sont réparties en un nombre quelconque de classes, pourvu que les préférences des deux joueurs soient opposées. Un cas fréquent est celui des jeux où il existe une possibilité de match nul, et donc trois classes de situations.
En remontant de proche en proche à partir des situations finales, on peut alors classer toute situation intermédiaire ou même initiale dans une des classes. La classe de la situation initiale définit un résultat appelé *espérance des deux joueurs*. Chaque protagoniste peut s'assurer un résultat au moins aussi favorable s'il est clairvoyant, mais ne peut obtenir un résultat plus favorable si son adversaire est clairvoyant.
À un autre point de vue, les résultats équivalents obtenus lorsque chacun des deux joueurs agit au mieux de ses intérêts, chaque fois qu'il a le trait, constituent des points d'équilibre du jeu. L'existence d'un tel point au moins, dans tout duel fini de réflexion pure à information parfaite, est précisément l'objet du théorème de Zermelo et Kalmar.
La conséquence ? Une partie de jeu de dames, ou d'échecs, a une issue inéluctable, si les deux joueurs agissent au mieux de leurs intérêts. Fort heureusement pour ces jeux, nous ne savons pas laquelle...

Stratégies et tactique

Au cours d'une partie, chaque joueur a autant de décisions à prendre qu'il a de coups à jouer. Voulant analyser la question, les mathématiciens ont eu l'idée de ramener toutes ces décisions à une seule. Comment ? En mettant le jeu sous sa *forme normale*.

Prenons le cas de la Course à 8. Imaginez qu'on demande à chacun des adversaires d'écrire, en guise de coup unique et indépendamment de l'autre, une liste de huit nombres égaux à 1 ou à 2 (X_0, X_1, X_2... X_7 pour le premier, Y_0, Y_1, Y_2... Y_7 pour le second, X_n et Y_n représentant le nombre qu'ils ajouteraient au total n lors de la partie de Course à 8). La partie est alors automatique et ne nécessite plus la présence des joueurs. Le premier joueur écrit le premier total $T = X_0$.

Le second joueur ajoute Y_T pour un nouvelle somme $S = T + Y_T$. Le premier ajoute X_S, et ainsi de suite, le jeu se poursuivant jusqu'au but fixé.

Le choix global de cette suite de nombres s'appelle une *tactique*. Si la recherche d'une tactique peut paraître artificielle lors de certains jeux, irréaliste pour d'autres, elle fait partie des pratiques courantes au bridge où, lors de la première levée, le déclarant a pour habitude de faire un plan de jeu, qui n'est autre que le choix d'une tactique. De même, dans certains jeux de casino comme le black-jack, le nombre de cas et les choix tactiques (faut-il tirer une carte, doubler la mise, *splitter* ses paires ?) sont suffisamment réduits pour que chacun puisse dresser un tableau qu'il va appliquer systématiquement dans le but d'optimiser son espérance.

- Les situations qui y mènent permettent de l'emporter au coup suivant et sont donc gagnantes.
- Celles qui mènent obligatoirement à l'une de ces dernières sont perdantes.
- Celles qui permettent d'aller à l'une de ces situations perdantes sont gagnantes.
- Et ainsi de suite...

Dès lors que l'éventail des situations n'est pas infini, on peut remonter de proche en proche à partir des situations finales classées par la règle du jeu, et classifier une situation quelconque, intermédiaire ou initiale, soit comme gagnante, soit comme perdante. Cela revient à dire qu'à chaque instant de la partie, en particulier dès qu'elle est engagée, l'un des joueurs gagnerait à coup sûr contre toute défense de son adversaire s'il avait du jeu une connaissance assez complète pour discerner, chaque fois qu'il doit jouer, le choix le plus avantageux pour lui. Autant dire qu'il deviendrait inutile de jouer, puisque le résultat de la partie serait connu d'avance ! Ce n'est évidemment le cas, en pratique, que pour des jeux très simples. Mais on peut craindre qu'avec les progrès de l'informatique, une machine disposant d'une prodigieuse vitesse de calcul parvienne à venir à bout d'un nombre de plus en plus grand de jeux, qui perdraient alors une grande partie de leur intérêt.

É. B. & G. C.

Des maths dans les jeux

Sous ses dehors ludiques, le jeu mathématique est en fait souvent lié à des théories récentes et parfois sophistiquées. C'est ce que montre cet agréable ouvrage, qui fait suite à une série de conférences qui se sont tenues à la Cité des sciences et de l'industrie entre le 23 octobre et le 11 décembre 2004. Les labyrinthes sont du ressort de la topologie, le coloriage des cartes mène naturellement aux mathématiques discrètes, le problème du voyageur de commerce pose des questions difficiles en théorie des graphes… Chacun des courts chapitres est écrit par un mathématicien bien connu des lecteurs de *Tangente* (à savoir Benoît Rittaud, Gilles Dowek, Jean-Christophe Novelli et Jean-Pierre Bourguignon, auteur d'un article remarquable lié à une question combinatoire). En fait, les six exemples développés suggèrent que derrière chaque jeu se cache un concept mathématique.

É. T.

Jeux mathématiques et vice versa
par Benoît Rittaud, Gilles Dowek, Jean-Christophe Novelli et Jean-Pierre Bourguignon, Le Pommier – Cité des sciences et de l'industrie, 192 pages, 2005, 8,60 euros

Tout savoir sur les jeux de Nim

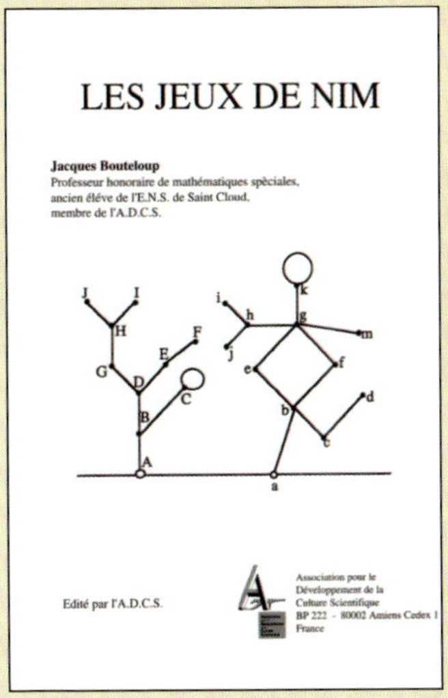

Cet ouvrage est une étude quasi exhaustive sur les jeux de Nim. Il explique de façon détaillée les concepts qui permettent leur résolution : somme digitale, fonction de Grundy, théorème de Grundy. Mais surtout, il recense et analyse les innombrables variantes et récréations apparentées aux jeux de Nim qui ont été créées depuis plus de cinquante ans, qu'il s'agisse des jeux « directs » ou des jeux « inverses ». Citons le jeu de Grundy, le jeu des quilles, le jeu de Prim, le jeu de Whythoff, le jeu de la gaufre empoisonnée, le jeu de Nimbi, le jeu de Bulo, le jeu de Hackenbush. Un chapitre aborde les jeux de retournement dans lesquels un tableau rectangulaire est recouvert de pions ayant une face blanche et une face noire, comme les pions du jeu d'Othello ; la règle du jeu précise dans quelles conditions chaque joueur doit retourner des pions et le but à atteindre. Jacques Bouteloup (1918–2010), qui a longtemps participé à la sélection des énigmes du Championnat des jeux mathématiques et logiques, montre que ces jeux s'apparentent aux jeux de Nim, dans les cas les plus simples tout au moins. Un autre chapitre introduit l'utilisation des corps de Conway dans un certain nombre de divertissements. En fin d'ouvrage, on trouve les solutions des nombreux exercices qui sont donnés à la fin de chaque chapitre. On peut seulement regretter que cet ouvrage, édité par une association aujourd'hui dissoute, soit devenu difficile à trouver. Avis aux éditeurs !

M. C.

Les jeux de Nim
par Jacques Bouteloup, Association pour le développement de la culture scientifique (ADCS), 300 pages, 1996.

par Alain Zalmanski

Les jeux de Nim

Les jeux de Nim sont des duels à somme nulle : il y a nécessairement un vainqueur et un perdant, et aucune partie nulle n'est possible. Ils se ramènent à des déplacements d'un sommet à l'autre d'un graphe orienté sans cycle. Il existe toujours une stratégie optimale.

Les jeux de Nim sont des jeux de type duel à information complète. Les diverses positions du jeu se répartissent en deux sous-ensembles, les positions gagnantes et les positions perdantes. Dans son étude consacrée à ce sujet, Martin Gardner a donné une résolution simple d'un jeu de Nim, dont la stratégie ne saute pas immédiatement aux yeux. Ce jeu se joue sur un diagramme en étoile. On place un pion sur chacun des neuf sommets de l'étoile. Chacun à leur tour, les deux joueurs, A et B, enlèvent soit un pion, soit deux pions reliés par une branche de l'étoile. C'est A qui commence. Le joueur prenant le dernier pion (ou les deux derniers pions d'un seul coup) a gagné.

Le joueur B peut toujours gagner au jeu de l'étoile, à l'aide d'une stratégie reposant sur les symétries de cette étoile. Imaginez que les branches de l'étoile soient des élastiques, et déformez-les pour obtenir un cercle topologiquement équivalent. Si A enlève un pion de ce cercle, B prend les deux pions qui lui

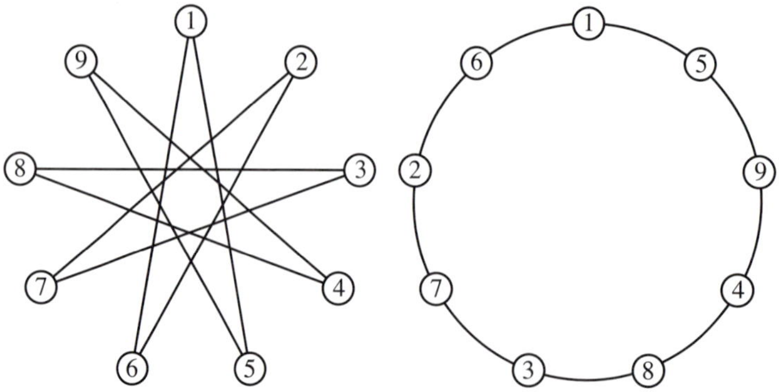

Les jeux de Nim peuvent naturellement être représentés par des graphes, dont les sommets représentent les diverses positions possibles du jeu, et les arêtes les transitions d'une position à une autre.

sont quasi diamétralement opposés. Si A enlève deux pions, B prend le pion quasi diamétralement opposé. Dans chaque cas, deux groupes de trois pions restent sur le jeu. Ensuite, quel que soit le pion pris par A, B prend le ou les pions symétriques dans l'autre groupe. Évidemment B prendra le dernier (ou les deux derniers) pion(s). Après quelques parties sur le cercle, en transposant chaque coup au coup correspondant sur l'étoile, on comprend très vite comment utiliser les symétries de l'étoile pour gagner à chaque fois. Les jeux de Nim sont des jeux très courants, dont il existe d'innombrables variantes, et qui se jouent avec tout objet aisément manipulable : boutons, allumettes, billes…

Les premières traces sont signalées en Chine sous le nom de *fan-tan* et connus en Afrique sous le nom *tiouk-tiouk*. Le nom actuel pourrait être tiré du mot allemand *nimm* qui signifie « prends ! », mais pourrait venir également de win (« gagne » en anglais), qu'on peut lire lorsqu'on retourne le mot. Le mathématicien Charles Leonard Bouton a introduit ce nom en 1901 et a trouvé un algorithme permettant le gain. En 1951, un ordinateur, le Nimrod, a été construit, dédié uniquement à la résolution des jeux de Nim.

Une version basique du jeu de Nim, dite *jeu de Marienbad*, a été rendue célèbre par un film d'Alain Resnais de 1961, *l'Année dernière à Marienbad*. On utilise quatre tas de 1, 3, 5, 7 allumettes. On enlève à tour de rôle le nombre d'allumettes que l'on veut, mais dans un seul tas. Celui qui prend la dernière allumette a perdu. Il faut noter que si la situation de départ est gagnante, le premier joueur ne peut qu'amener à une position perdante, et alors le second joueur (qui connaît la théorie) fera en sorte de ramener à une position gagnante.

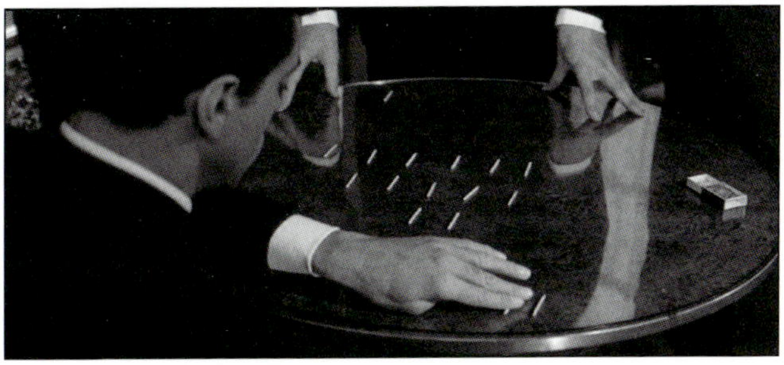

Dans le film d'Alain Resnais *l'Année dernière à Marienbad*, les personnages jouent au jeu de Nim avec des paquets finis d'allumettes.

Des variantes du Nim

Le *jeu de Wythoff*, étudié par ce dernier en 1907 et qui se joue à deux tas, est une variante dans laquelle il est possible de réduire d'un même nombre d'objets deux tas à la fois. Dans le *jeu de Whitehall*, on autorise un joueur à enlever un maximum de $2p$ objets si son adversaire vient d'en enlever p et dans le *jeu de Moore*, proposée en 1910, les joueurs peuvent prendre un maximum de p objets répartis entre toutes les colonnes.

Dans le *Nim pas tout*, il est interdit de prendre tous les objets d'un tas. Dans le *Nim parité*, on ne peut enlever qu'un nombre pair d'objets (ainsi, les positions à un objet sont bloquées), alors que dans le *Nim maximal*, on impose d'enlever au maximum p objets par tas. Quant au *Nim moitié*, la règle impose que, dans un tas de n objets, on ne puisse enlever au maximum que $n / 2$ objets si n est pair, et $(n - 1) / 2$ objets si n est impair.

Si, à chaque tour, on peut prendre des objets dans deux piles différentes, on joue au *Double Nim*. Par contre, si à chaque tour on doit prendre des objets dans le plus grand tas, on a affaire au *Grand Nim* (et si on doit prendre des objets dans le plus petit tas, il s'agit du... *Petit Nim*).

Enfin, dans le *Nim à un tas*, les objets sont ordonnés en p rangées et q colonnes et on peut prendre autant d'objets que l'on veut, dans une colonne ou dans une rangée. Le théorème de Sprague-Grundy s'applique à toutes ces variantes. À chaque fois, le nombre de Grundy est un élément déterminant de la recherche d'une stratégie gagnante.

La généralisation la plus simple consiste à jouer avec N tas de $P_1, P_2, P_3, \ldots, P_N$ objets. On désigne par *version normale* les jeux où le joueur qui ne peut plus jouer (ou prend le dernier objet) est le perdant, et *version inverse* celle où au contraire le gagnant est le joueur qui prend le dernier objet (ou est acculé à ne pouvoir jouer).

Grundy et son jeu

Voici le jeu de Nim inventé par Grundy en 1939 : la position de départ consiste en un unique tas d'objets, et le seul coup disponible pour les joueurs consiste à séparer un tas d'objets en deux tas de tailles distinctes. Les joueurs jouent à tour de rôle, jusqu'à ce que l'un d'entre eux ne puisse plus jouer. Le jeu se joue habituellement en version normale. Grundy a élaboré un théorème général pour définir la stratégie gagnante d'un jeu du type Nim, impartial, sans partie nulle en version normale. Ce théorème a été découvert indépendamment par Spraghe un peu plus tôt.
À chaque position d'un jeu de Nim, on affecte un nombre appelé *nombre de Grundy* ou *nimber*. Il est défini récursivement : le nombre de Grundy de la position finale vaut 0. Le nombre de Grundy d'une position donnée est le plus petit entier positif ou nul n'apparaissant pas dans la liste des nombres de Grundy des positions qui suivent immédiatement la position donnée. Dans le jeu de Nim trivial, le nombre de Grundy d'un unique tas de n allumettes n'est autre que n lui-même.

Taille du tas	0	1	2	3	4	5	6	7	8	9	10
Nimber	0	0	0	1	0	2	1	0	2	1	0

Taille du tas	11	12	13	14	15	16	17	18	19	20
Nimber	2	1	3	2	1	3	2	4	3	0

On prouve que les positions dont les nombres de Grundy valent 0 sont des positions gagnantes qu'il convient d'atteindre, les autres étant des positions perdantes. D'après le théorème de Sprague–Grundy, un tas de n objets du jeu de Grundy est équivalent à un tas du jeu de Nim d'un certain nombre d'objets, appelé le *nimber*. L'étude du jeu de Grundy consiste alors à calculer pour chaque tas quel est son *nimber* équivalent (voir tableau ci-contre).
Le théorème de Sprague-Grundy généralise l'étude en énonçant comment calculer le nombre de Grundy d'une position mixte quelconque (x, y) d'une somme de deux jeux. On décompose les nombres de Grundy des positions x et y en binaire, et on fait la somme des deux nombres binaires sans tenir compte des retenues. Le résultat obtenu est le nombre de Grundy de la position (x, y). Ce résultat peut se généraliser à plusieurs jeux. L'article en pages suivantes en fournit d'ailleurs un exemple…

A. Z.

Bibliographie

Les nombres et leurs mystères. André Warusfel, Le Seuil, 1961 (réédité en 1980).
Les jeux de Nim. Jacques Bouteloup, Association pour le développement de la culture scientifique, 1996 (réédité en 2003 par Blanchard).
Problèmes et divertissements mathématiques (tome I). Martin Gardner, Dunod, 1964.
Jeux mathématiques de Pour La Science. Martin Gardner, traduit par Pierre Tougne, *Pour La Science*, 1980.
Stratégies magiques au pays de Nim. Jean-Paul Delahaye, *Pour la Science* 377, mars 2009.
Le site *Mathématiques magiques* de Thérèse Eveilleau.
L'atelier « MATh.en.JEANS » consacré au jeu de Nim : http://mathenjeans.free.fr/amej/edition/2005/St-BriceMontmorency2005/nim05/0506_nim.html

Information parfaite ou imparfaite

Dans les jeux à information complète et *parfaite*, le joueur connaît à chaque instant l'ensemble des coups possibles de son adversaire. Lorsque l'arbre de toutes les situations de jeu déduites de la situation courante est trop important pour une étude exhaustive, on introduit des méthodes heuristiques basées sur des fonctions d'évaluation des positions du jeu. La théorie des jeux prouve l'existence d'une solution pour ce type de jeu, mais, dans la pratique, n'en donne pas la construction. Les plus classiques représentants de ce type de jeu sont les échecs, les dames et le go. Dans les jeux à information complète mais *imparfaite*, les prises de décision des joueurs sont simultanées. Leurs stratégies optimales se présentent sous la forme d'une répartition probabiliste des coups à jouer pour une situation de jeu donnée. Ainsi, pour le jeu de Pierre–ciseaux–papier, la stratégie optimale consiste à jouer aléatoirement chacune des stratégies « pierre », « ciseaux » et « papier », ce qui garantit une espérance de gain nulle (voir l'article en pages 6 à 9).

Heureuse heuristique

L'*heuristique*, du grec ancien εὑρίσκω (*eurisko*), « je trouve », désigne la discipline dont l'objet est de déterminer les règles opérant dans un travail de recherche ou de vérification d'hypothèse. Elle s'attache donc d'une part à mettre au jour la logique de la découverte (au sens scientifique), d'autre part à définir des méthodes de résolution de problème qui s'en inspirent, et qui procèdent non par analyse systématique, mais par analogie avec un problème déjà étudié (ce qui permet de définir des classes de problèmes équivalents), par hypothèses provisoires et approches successives, par sélection et élimination. L'heuristique serait donc une sorte de théorie de la démarche empirique…

En théorie de la complexité, une heuristique est un algorithme qui fournit en un temps polynomial une solution approchée d'un problème d'optimisation difficile, de temps d'exécution exponentiel. Si ce n'est pas un algorithme exact, la pertinence d'une heuristique tient du fait qu'elle permet d'accélérer le processus de résolution exacte. Une bonne heuristique s'apprécie selon des critères à la fois empiriques (réussite à un banc d'essai) et mathématiques (performance de l'algorithme). Par ailleurs, pour un problème donné, on peut concevoir une heuristique qui lui est propre, ou bien faire appel à une méthode très générale (on parle alors de *métaheuristique*).

How to solve it: a new aspect of mathematical method.
George Polya, Princeton University Press, 2004.

Les jeux de Nim infinis

Les jeux de Nim se jouent avec des allumettes que l'on dispose en paquets. On peut imaginer que certains en contiennent une infinité et établir des stratégies de jeu. Partant de jeux de Nim infinis faciles à analyser, nous allons progressivement arriver aux jeux ordinaux les plus généraux.

Examinons un premier jeu de Nim infini. Sur la table, il y a un paquet infini d'allumettes (∞). Les deux joueurs A (celui qui commence) et B (celui qui joue en second), chacun à leur tour, doivent prendre une allumette au moins dans le paquet. Celui qui prend la dernière allumette a perdu. L'un deux est-il certain de gagner ? Lequel ? Comment ? Facile ! Le joueur A est certain de gagner. Il prend toutes les allumettes, sauf une. Le joueur B est obligé de prendre l'allumette restante et a donc perdu…

Compliquons le jeu. Cette fois, il y a deux paquets infinis d'allumettes (∞, ∞) et les règles stipulent que chaque joueur prend autant d'allumettes qu'il veut dans un paquet, mais dans un seul, et qu'il doit en prendre au moins une. A ou B est-il certain de gagner à ce deuxième jeu ? Comment ?

Assez facile encore ! Commençons par un petit raisonnement. Imaginons que je me trouve dans une position de type (n, ∞), n étant un nombre entier supérieur à 1 (le premier nombre correspond au nombre d'allumettes du premier paquet, le second nombre à celui du second). Alors en jouant (n, n), c'est-à-dire en égalisant le second paquet, je suis certain de gagner. En effet, dans la suite de la partie, j'égaliserai toujours, sauf si mon adversaire laisse une position à un seul paquet (n), ou une position du type (1, n) ou (n, 1), auquel cas, je lui laisserai (1), ce qui le fera perdre. Conclusion : si je dois commencer, je ne dois pas mettre mon adversaire dans une position de type (n, ∞) car je viens de voir qu'il me ferait alors perdre. Je ne prendrai donc qu'un nombre fini d'allumettes dans l'un des deux paquets, laissant alors mon adversaire dans la position (∞, ∞). Comme il aura compris ce que je viens de comprendre, il fera la même chose en me laissant encore la situation (∞, ∞)… Le jeu est alors bloqué, car prendre un nombre fini d'allumettes dans un paquet infini d'allumettes en laisse autant ! La partie ne progres-

sera plus jamais. Elle doit être considérée nulle. Le jeu n'est pas intéressant.
Modifions légèrement les règles du deuxième jeu pour éviter que les parties puissent se poursuivre indéfiniment. Lorsqu'un joueur interviendra sur un paquet infini, il sera maintenant obligé de ne laisser qu'un nombre fini d'allumettes. Dans ce troisième jeu, nous noterons maintenant la situation de départ (ω, ω). On comprendra pourquoi à la fin de l'article.
Cette fois, il ne peut plus y avoir de partie nulle, et le joueur A qui commence est certain de perdre si son adversaire joue bien. En effet, le joueur A est obligé d'intervenir sur l'un des paquets infinis, et donc de n'y laisser qu'un nombre fini d'allumettes. Il crée donc une position du type (*n*, ω) ou une position équivalente de type (ω, *n*). Son adversaire, B, répondra (*n*, *n*), ce qui comme précédemment lui assurera la victoire. Commencer est mauvais.
Pour parler de ces différents jeux, nous dirons que les trois positions (ω, ω), (*n*, *n*) avec $n > 1$ et (1) sont des positions perdantes, et que toutes les autres sont des positions gagnantes. Une *position perdante* est une position telle que, si je dois jouer, quoi que je fasse, mon adversaire en jouant bien me fera perdre. Une *position gagnante* est une position telle que, si je dois jouer et que je joue bien le reste de la partie, je suis certain de gagner. Résoudre complètement un jeu de ce type revient à identifier les positions gagnantes et les positions perdantes.

Le théorème de Bouton

Compliquons le troisième jeu. La situation de départ est maintenant (ω, ω, ω, ω… ω) avec *k* fois le symbole ω (*k* est un entier positif). Dans ce quatrième jeu, les joueurs A et B doivent alternativement prendre au moins une allumette

La Nim-addition

Écrire un nombre en binaire revient à le décomposer en une somme de puissances de 2 : 1, 2, 4, 8, 16, 32…
Par exemple, puisque 26 = 16 + 8 + 2, l'écriture binaire de 26 est **11010**, ce qui signifie 1 fois 16, 1 fois 8, 1 fois 2.
De même, comme 9 = 8 + 1 = **1001** et 7 = 4 + 2 + 1 = **111**.
La *Nim-addition*, notée ⊕, consiste à disposer les chiffres binaires comme on le fait quand on pose une addition habituelle, puis à additionner en colonne, *sans tenir compte des retenues*. Le nombre binaire obtenu, retraduit en un nombre entier, est le résultat.
Ainsi 11 ⊕ 9 ⊕ 7 = 5 :

	1	**0**	**1**	**1**	(11)
⊕	**1**	**0**	**0**	**1**	(9)
⊕		**1**	**1**	**1**	(7)
=	**0**	**1**	**0**	**1**	(5)

Puisque nous travaillons en base 2, 1 + 1 = **10**,
et 1 + 1 + 1 = **11**. Et comme nous ne tenons pas compte des retenues, 1 + 1 = **0** et 1 + 1 + 1 = **1**.
Le fait de négliger les retenues a pour conséquence que le chiffre résultat de la somme d'une colonne vaut 0 s'il y a un nombre pair de 1 dans la colonne, et vaut 1 s'il y en a un nombre impair. Pratiquer la Nim-addition est simple dès lors que l'on sait décomposer en binaire et que l'on sait déterminer si un nombre est pair ou impair. La Nim-addition de la position (11, 9, 7) est 5 : 11 ⊕ 9 ⊕ 7 = 5.

⊕	0	1	2	3	4	5	6	7	8	9	10	11	12	13	14
0	0	1	2	3	4	5	6	7	8	9	10	11	12	13	14
1	1	0	3	2	5	4	7	6	9	8	11	10	13	12	15
2	2	3	0	1	6	7	4	5	10	11	8	9	14	15	12
3	3	2	1	0	7	6	5	4	11	10	9	8	15	14	13
4	4	5	6	7	0	1	2	3	12	13	14	15	8	9	10
5	5	4	7	6	1	0	3	2	13	12	15	14	9	8	11
6	6	7	4	5	2	3	0	1	14	15	12	13	10	11	8
7	7	6	5	4	3	2	1	0	15	14	13	12	11	10	9
8	8	9	10	11	12	13	14	15	0	1	2	3	4	5	6
9	9	8	11	10	13	12	15	14	1	0	3	2	5	4	7
10	10	11	8	9	14	15	12	13	2	3	0	1	6	7	4
11	11	10	9	8	15	14	13	12	3	2	1	0	7	6	5
12	12	13	14	15	8	9	10	11	4	5	6	7	0	1	2
13	13	12	15	14	9	8	11	10	5	4	7	6	1	0	3
14	14	15	12	13	10	11	8	9	6	7	4	5	2	3	0

Table de la Nim-addition.

Méthode facile pour gagner au jeu de Nim

Il est facile de dire qu'on gagne en utilisant la Nim-addition. Mais comment faire en pratique avec des paquets d'allumettes devant soi ? Ce n'est pas très compliqué et, avec un petit entraînement, on peut opérer de tête les calculs nécessaires. Voici la méthode.
Pensez les nombres en les séparant en paquets ayant chacun un nombre d'allumettes qui est une puissance de 2. Nous venons de voir que cela revient à les écrire en numération binaire. Faites ce travail de tête ou, éventuellement, déplacer légèrement les allumettes pour matérialiser ces décompositions.
Partant de la disposition

|||||||||||	(11)
|||||||||	(9)
|||||||	(7)

vous obtenez discrètement la disposition

||||||||		||			(11 = 8 + 2 + 1)
||||||||					(9 = 8 + 1)
	||||	||			(7 = 4 + 2 + 1)

Il est facile maintenant de voir si, oui ou non, il y a un nombre pair de paquets dans chaque colonne. Si c'est le cas, vous ne gagnerez pas face à un adversaire averti, car vous êtes en situation perdante. Sinon, il existe une façon de jouer qui conduit à une configuration dont chaque colonne contient un nombre pair de paquets. Ici, on voit immédiatement qu'il faut enlever le paquet |||| de la dernière ligne, ainsi que le paquet |, c'est-à-dire cinq allumettes au paquet qui en contient sept. C'est d'ailleurs la seule façon de jouer qui, ici, conduise à une configuration nulle.
Exercez-vous avec (13, 10, 3, 1), et prouvez qu'il faut passer à la position (8, 10, 3, 1).

dans un paquet, et, comme précédemment, si un joueur intervient sur un paquet infini, il doit n'y laisser qu'un nombre fini d'allumettes.
Une partie peut-elle être infinie ? Non, car quand une position comporte k symboles ω, on est certain que, si on ne touche à aucun paquet infini, alors viendra un moment où tous les entiers décrivant la position arriveront à 0 (et disparaîtront). Il faudra pour cela au plus m étapes de jeu, m étant la somme des entiers décrivant la position. Vient donc un moment où il faut toucher un symbole ω, le nombre de symboles ω passera donc de k à $k-1$. Petit à petit, tous les symboles ω disparaîtront. La position finit par ne comporter que des entiers. Dès lors, la partie est assurée de se terminer en temps fini (précisément, en au plus m étapes, où m est la somme des entiers représentant la position).
L'un des deux joueurs est-il certain de gagner ? Si oui, comment ? Pour répondre, envisageons d'abord le cas où il n'y a pas de symbole ω. Nous sommes alors dans la situation du jeu de Nim classique (un nombre fini de paquets d'allumettes finis), dont la résolution a été proposée en 1901 par le mathématicien américain Charles Bouton de l'Université de Harvard. Sa solution se base sur l'écriture binaire et la Nim-addition (voir en encadré).
Le *théorème de Bouton* affirme que, lorsque c'est à vous de jouer,
• les positions perdantes sont :
– les positions composées d'un nombre impair de 1, comme (1) ou (1, 1, 1) ;
– les positions non composées d'un nombre impair de 1, dont la Nim-addition est nulle, comme (1, 2, 3), (4, 4, 8, 8), (1, 4, 5, 7,7), (1, 3, 5, 7).
• Toutes les autres positions sont gagnantes.

Détaillons son application avec l'exemple (11, 9, 7), qui est une position gagnante. Si c'est à vous de jouer, vous disposez d'une stratégie de jeu gagnante qui consiste à placer votre adversaire en position perdante. Ici, il faut prendre cinq allumettes dans le troisième paquet, c'est-à-dire placer l'adversaire en position (11, 9, 2), dont la Nim-addition est 0 (vérifiez-le !).

Dans la suite de la partie, à chaque fois qu'il jouera, votre adversaire vous placera dans une position gagnante, et vous répliquerez en le plaçant à nouveau dans une position perdante.

Pourquoi le théorème de Bouton est-il vrai ? Cela amène deux questions :
Pourquoi est-il gagnant d'opérer comme on vient de l'indiquer à partir d'une position gagnante ?
Pourquoi ne pourra-t-on pas gagner si l'on se trouve dans une position perdante ?
La démonstration devient simple et se fonde sur les deux faits suivants, assez faciles à établir. Le premier est qu'à partir d'une *situation nulle* (dont la Nim-addition est nulle), quoi que vous jouiez, vous créez une situation non nulle. Le second est qu'à partir d'une situation non nulle, il existe toujours au moins une façon de jouer qui engendre une situation nulle. Il résulte de cela qu'une fois tombé dans une situation nulle un joueur n'en sort jamais si son adversaire fait ce qu'il faut, et cela jusqu'à ce qu'il se trouve dans la position perdante finale.
Maintenant nous pouvons aborder la solution générale du quatrième jeu (et de ses variantes) quand on autorise pour positions n'importe quelle suite finie d'entiers et de symboles ω.
Commençons par analyser le cas des positions avec uniquement des ω. S'il y a un nombre pair de ω, alors la situation est perdante. Pour le justifier, décrivons la stratégie gagnante pour le joueur B :
Si B peut jouer en laissant un nombre impair de 1 au joueur A, il le fait.
Sinon :
Quand A touche un paquet infini en y laissant *n* allumettes, B réplique sur un autre paquet infini en y laissant le même nombre d'allumettes.
Quand A touche un paquet fini, B réplique en égalisant le paquet associé.
Voici quelques exemples : si B doit jouer

Des paquets infinis d'allumettes.

et qu'il est dans la situation (1, 3, 1, 1), alors il jouera (1, 1, 1). Si, partant de (ω, ω, ω, ω), A joue (5, ω, ω, ω), alors B répliquera par (5, 5, ω, ω). Si, partant de (5, 5, ω, ω), A joue (5, 3, ω, ω), alors B répondra par (3, 3, ω, ω). Si, partant de (5, 5, 2, 2), A joue (5, 5, 2, 1), alors B proposera (5, 5, 1, 1)…
Lorsqu'il y a un nombre impair de ω, alors le joueur A gagnera en prenant toutes les allumettes d'un paquet, ce qui placera B dans une situation avec un nombre pair de ω, dont nous venons de voir qu'elle est perdante.
Si, au lieu de partir d'une position composée uniquement de ω, on commençait à partir d'une position $(a_1, a_2 \dots a_k)$ où chaque a_k est un entier ou bien le symbole ω, alors, en utilisant le théorème de Bouton, on trouve que :

Georg Cantor (1845–1918).

- s'il y a un nombre impair de ω, alors la position est gagnante et, pour jouer, on modifie un des paquets infinis en y laissant un nombre entier d'allumettes, de manière à ce que les entiers de la situation obtenue aient une Nim-addition nulle ;
- s'il y a un nombre pair de ω, alors la position est perdante si, et seulement si, celle obtenue en retirant tous les ω l'est.

Cantor et les ordinaux

On peut encore généraliser ce type de jeux. Au lieu de prendre des entiers et le symbole ω, on utilisera des positions construites avec les ordinaux de Cantor. Pour les construire, on convient qu'au-delà de tous les entiers 0, 1, 2… *n*… on trouve un « nombre » plus grand que tous les autres, noté ω (oméga) et dénommé *premier ordinal transfini*. On convient aussi qu'il y a un ordinal « juste au-dessus » de lui, ω + 1, et un autre juste au-dessus encore, ω + 2, puis ω + 3, ω + 4… Au-delà de tous ces nombres transfinis, il y a 2ω (diverses notations sont possibles, nous choisissons la plus naturelle). Il y a ensuite 2ω + 1, 2ω + 2, 2ω + 3… 3ω, 3ω + 1, 3ω + 2… 4ω… et juste après tous ces $n\omega + m$, il y a ω^2. Et cela continue…
Voici maintenant notre cinquième jeu. À partir d'une configuration $(o_1, o_2, o_3\ldots\ o_k)$ (chaque o_i est un ordinal), il s'agit de remplacer un ordinal par un ordinal strictement plus petit (par exemple 2ω par ω + 16) à chaque fois que l'on doit jouer.

En réfléchissant un instant, vous verrez que les parties de ce jeu sont finies, quelle que soit la configuration initiale. Et vous saurez déterminer s'il vaut mieux commencer ou non quand la situation de départ est
$(2\omega + 2, 7\omega + 21, 8\omega, \omega^2)$. Car l'analyse de Bouton s'étend sans trop de mal à ces jeux infinis avec ordinaux…

J.-P. D.

Bibliographie
Jeux finis et infinis. Jean-Paul Delahaye, Le Seuil, 2010.
Cantor et les infinis. *Tangente* 129, page 10, 2009.
Winning Ways for your Mathematical Plays. Elwyn Berlekamp, John Conway, Richard Guy, Academic Press, 1982 (nouvelle édition : A.K. Peter, 2003).

Ma première analyse stratégique matricielle

Je me dépêche de rentrer chez moi, après un lundi particulièrement éreintant quand, tout à coup, une question me traverse l'esprit : est-ce aujourd'hui l'anniversaire de ma femme ? Il est tard et tout est fermé, sauf un fleuriste.
Si ce n'est pas son anniversaire et que je n'apporte pas de cadeau, tout passera inaperçu et je serai dans une situation dont le règlement final est égal à 0. Si ce n'est pas son anniversaire et que je rentre avec un bouquet de roses à la main, je serai bien accueilli avec peut-être une interrogation sur le pourquoi de ce fleurissement inattendu, et je me note 1. Si c'est son anniversaire et que je m'en sois souvenu, cela sera souligné par des exclamations d'usage et vaudra quelque chose en plus, disons 1,5. Si j'ai oublié et arrive la bouche en cœur et les mains vides, c'est l'effondrement total, soit –10. Je suis mathématicien : ô théorie des jeux, viens à mon aide !
Construisons une matrice de décision :

	Nature		Chance
	Pas anniversaire	Anniversaire	pour moi
Les mains vides	0	–10	0,5
Fleurs à la main	1	1,5	10

Je m'aperçois que je dois acheter des fleurs selon les chances 10/0,5 soit 20/1. Le calcul rejoint le bon sens et une bonne harmonie du couple : on doit toujours acheter des fleurs !

Il faut d'ailleurs noter que le choix dans la décision s'impose lorsqu'une matrice possède un point d'équilibre, ce qui est très souvent le cas de matrices à faibles dimensions. On peut également noter qu'un psychologue se passerait allègrement des mathématiques, sans se douter de ce qu'il perd…

Martin Gardner et ses successeurs

Le journaliste et spécialiste de mathématiques récréatives Martin Gardner (1914–2010) est l'auteur de nombreux problèmes. Ils ont été rassemblés dans divers livres (dont *Mathematics, Magic and Mystery*, Dover, 1956) ainsi que dans la revue *Scientific American*, pour le compte de laquelle il dirigeait une rubrique intitulée « Mathematical Games ». On a du mal à imaginer à quel point cette rubrique a passionné de nombreux mathématiciens, amateurs ou professionnels. Ses successeurs sont Douglas Hofstadter (professeur d'informatique puis de sciences cognitives né en 1945) et Ian Stewart (mathématicien réputé pour ses excellents livres de vulgarisation), à travers leurs rubriques respectives « Metamagical Themas » et « Mathematical Recreations ».

Dossier « Martin Gardner ».
Tangente 136, 2010.

par É. Busser et J. Lamon

Les premiers paradoxes

On attribue à Zénon d'Élée (Ve siècle avant Jésus-Christ) plusieurs paradoxes visant notamment à établir que le mouvement est impossible. Le plus célèbre d'entre eux est sans doute le paradoxe d'Achille et la tortue : Achille, coureur leste, accorde une avance de cent mètres à la tortue, plus lente. Zénon affirme alors qu'Achille n'atteindra jamais la tortue : il lui faudra en effet un certain temps pour atteindre le point de départ de la tortue, mais pendant ce laps de temps le coureur à carapace aura progressé. Il faudra à nouveau un certain temps à Achille pour combler cette distance, mais là encore le reptile aura avancé, et ainsi de suite : toutes les fois où Achille atteint l'endroit où se trouvait la tortue, cette dernière aura progressé. Il ne la rattrapera donc jamais !

Un autre paradoxe énoncé par Zénon, moins connu, est celui dit *de la dichotomie* : on lance une pierre en direction d'un arbre situé à une distance d. La pierre doit d'abord parcourir la moitié de cette distance, $d/2$. Mais pour ce faire, elle doit déjà en parcourir la moitié, soit $d/4$. Et pour atteindre ce premier quart, elle doit parcourir le premier huitième… et ainsi de suite *ad infinitum*. Zénon en conclut que la pierre n'atteindra jamais l'arbre puisque la première distance à parcourir ne sera jamais déterminée.

Quoique reposant sur le même argument fallacieux que le paradoxe d'Achille, à savoir qu'une somme infinie de termes ne peut être finie, cet énoncé est plus subtil car la décomposition insidieuse du mouvement s'effectue là par une régression à l'infini, rejetant le début de ce mouvement à jamais.

Références

Mathématiques et philosophie.
Bibliothèque Tangente 38, POLE, 2010.

Le trésor des paradoxes.
Philippe Boulanger et Alain Cohen,
Belin, 2007.

Un jeu, l'économie ?

Figurez-vous que le très sérieux prix Nobel d'économie, décerné aux Américains Lloyd Stowell Shapley (né en 1923) et Alvin Elliot Roth (né en 1951), l'a été pour leurs travaux de… théorie des jeux. Eh oui, la théorie des jeux, c'est sérieux ! C'est si sérieux que, nous disent les deux lauréats, tous les actes de notre vie reposent sur un calcul d'intérêt maximum et c'est cela l'objet de leur étude.

Alvin Roth (ci-contre) est économiste spécialisé dans l'économie expérimentale : pour les actes de notre quotidien il décortique les statistiques et les lit à la lumière de la théorie des jeux, formulant par exemple des recommandations pour la gestion du don d'organes dans un hôpital ou celle de l'adéquation entre attirer les meilleurs étudiants et garder les chercheurs les plus performants dans une université. Lloyd Shapley est, lui, mathématicien et économiste et a consacré ses recherches à la manière d'accorder l'offre à la demande dans une situation de marché : répondre à une demande en mariage, répartir les pouvoirs au sein d'un comité, gérer les admissions en collège universitaire, par exemple. Tous deux fondent leur raisonnement sur des bases mathématiques leur permettant de comparer, dans chaque situation, sacrifice et satisfaction, exactement comme dans un jeu. Vous voyez bien que le jeu, c'est sérieux !

Les jeux à information incomplète

Qu'est-ce qui va bien pouvoir différencier les « jeux à information incomplète » des duels de réflexion pure à information complète ? On le devine aisément : c'est soit l'intervention du hasard, soit l'asymétrie de l'information disponible pour les différents joueurs !
Et s'il y a plus de deux joueurs, c'est la possibilité pour des joueurs de s'associer si leur intérêt va dans ce sens, ce qu'on appelle la lutte et la coopération.
La compréhension de ces jeux est parfois subtile, comme le prouve l'exemple de la vente aux enchères. Dans ce type de situation, les outils standard de la modélisation et de la décision doivent être accompagnés des sciences de l'aléa, et même de psychologie...

par Michel Criton

Les jeux
à information incomplète

L'information dans le déroulement d'un jeu est d'une importance cruciale. Les joueurs en présence sont-ils en possession de la totalité de l'information sur le jeu ? Dans la négative, possèdent-ils les mêmes informations, ou bien existe-t-il une dissymétrie à cet égard ?

Janos Harsanyi.

Le mathématicien américano-hongrois Janos Harsanyi (1920–2000) a analysé de façon approfondie le rôle de l'information dans la théorie des jeux. Ses travaux lui ont valu le prix Nobel d'économie en 1994, conjointement avec l'Américain John Nash (né en 1928) et l'Allemand Reinhard Selten (né en 1930).

Dans un jeu à information complète, à tout instant du jeu, chaque joueur connaît :

• toutes les actions passées dans le cadre de ce jeu,
• ses propres possibilités d'action,
• celles de chacun des autres joueurs,
• les gains ou les pertes résultant de ses propres actions et de celles des autres joueurs,
• les motivations des autres joueurs, supposés être des joueurs rationnels, c'est-à-dire jouant toujours le meilleur coup du point de vue de leur intérêt propre.

Les jeux de stratégie classiques comme les échecs, le go, les dames, l'Othello, le jeu de Hex sont des jeux à information complète. Pour John von Neumann, la théorie des jeux telle qu'il la concevait ne s'intéresse pas à ce type de jeux, puisqu'il existe théoriquement une stratégie pour le premier joueur ou pour le second lui permettant soit de gagner, soit d'imposer une partie nulle, même si cette stratégie « infaillible » n'est pas connue et est encore hors de portée des moyens logiciels de ce début du XXIe siècle.

En revanche, la plupart des jeux de cartes et des jeux de dés sont des jeux à information incomplète. En effet, ils font intervenir le hasard, soit par le jet d'un ou de plusieurs dés, soit par la distribution ou le tirage de cartes. Le hasard peut alors être considéré comme un joueur supplémentaire (qui n'est pas un joueur comme les autres, puisqu'il n'a pas de but propre dans le jeu, mais qui « joue » selon certaines lois de probabilité, qui sont parfaitement analysables).

D'autre part, dans les jeux de cartes, chaque joueur ne dévoile pas aux autres joueurs les cartes que le hasard lui a attribuées : chacun connaît les cartes de son jeu, mais pas celles des autres, qu'il doit essayer de deviner d'après les actions des autres joueurs.

Jeux séquentiels et jeux synchrones

Dans les jeux de stratégie évoqués précédemment, qu'ils fassent ou non intervenir le hasard, les joueurs jouent à tour de rôle. Il y a un premier joueur (déterminé par la couleur des pions, par le hasard…), un deuxième joueur, etc. À chaque coup, chaque joueur connaît donc tous les coups passés, y compris le dernier coup de son ou de ses adversaires. Le jeu est alors séquentiel ou asynchrone. Ces jeux ne sont pas toujours parfaitement équitables, en ce sens qu'il y a en général un léger voire très léger avantage (mais parfois aussi un désavantage) à jouer en premier.

John Forbes Nash Junior.

Dans d'autres types de jeux, les joueurs jouent simultanément, de telle sorte que chacun ne connaît pas à l'avance quel sera le choix de l'autre ou des autres. Chacun doit alors envisager toutes les possibilités et choisir son action en fonction de ses possibilités, en considérant que son ou ses adversaires sont des gens rationnels, qui font la même analyse que lui. Certains auteurs désignent les jeux où la seule information non connue est celle portant sur le coup joué simultanément par l'expression « jeux à information imparfaite », un

Un jeu peut être à information complète, lorsque les joueurs possèdent tous la même information, mais imparfaite, les coups se faisant de façon synchrone.

Pierre–ciseaux–papier

Ciseaux–papier–pierre, ou pierre–feuille–ciseaux, est un jeu d'enfants bien connu. Deux joueurs A et B nomment ou miment en même temps l'un des trois objets pierre, ciseaux ou papier. S'ils nomment le même objet, personne ne gagne rien, sinon on détermine le vainqueur à partir des règles suivantes : les ciseaux coupent le papier, la pierre casse les ciseaux, le papier enveloppe la pierre. Voici donc la matrice des valeurs stratégiques.

		A		
		Ciseaux	Papier	Pierre
B	Ciseaux	0	1	–1
	Papier	–1	0	1
	Pierre	1	–1	0

Il n'existe pas de point d'équilibre, ni de stratégie dominante. On établit la stratégie mixte de l'un des joueurs à partir de la matrice ci-contre :

A		
Ciseaux	Papier	Pierre
1	1	–2
–2	1	1

que l'on a obtenue en soustrayant chaque rangée horizontale de la rangée précédente. Le nombre de chances pour « ciseaux » se calcule à partir de

A Ciseaux		
	1	–2
	1	1

et est donc égal à $1 \times 1 - 1 \times (-2) = 3$.
Pour « papier », et toujours pour le joueur A, le diagramme fournit à nouveau une valeur de 3, et de même pour « pierre ».
Symétriquement nous obtiendrons, pour le second joueur, B les mêmes résultats. Les deux joueurs doivent donc employer chacune de leurs trois annonces possibles dans un rapport « un sur trois ».
Sur cette base simpliste, il est possible d'analyser un jeu plus complexe à trois stratégies comportant quatre éléments : Pierre–main–ciseaux–papier, la main prenant la Pierre et le Papier mais se faisant couper par les ciseaux (au sens figuré !). On pourra de même bâtir un jeu à quatre stratégies avec cinq éléments (pierre, main, ciseaux, papier, eau avec les conventions suivantes : l'eau mouille la pierre et le papier, les ciseaux coupent le papier et la main, la pierre casse le verre et les ciseaux, le papier enveloppe la pierre et le papier, la main prend la pierre et les ciseaux). La matrice 5×5 des valeurs de jeux montrera une stratégie optimale de ce jeu de 3 / 3 / 1 / 1 / 1.

A. Z.

jeu pouvant être à information complète (les joueurs possèdent tous la même information) mais imparfaite, les coups se faisant de façon synchrone.

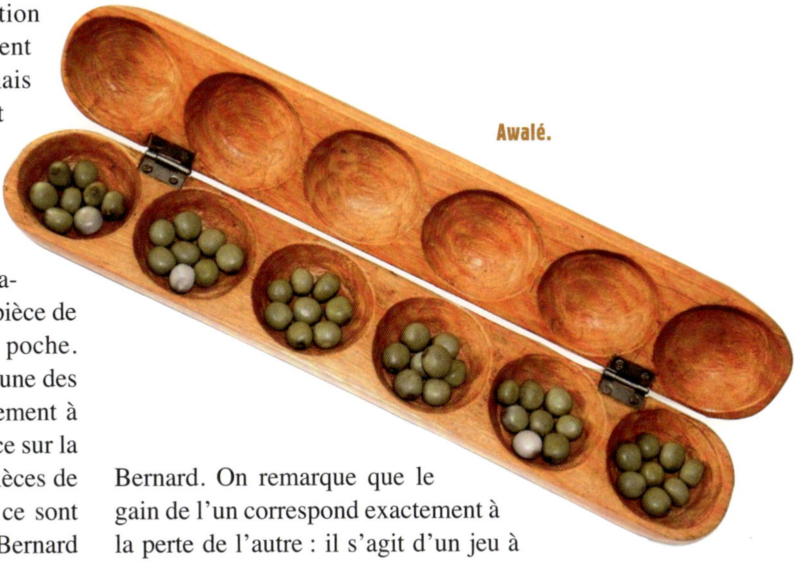

Awalé.

Prenons l'exemple d'un jeu abstrait très simple à deux joueurs. Alice et Bernard ont chacun une pièce de 1 euro et une pièce de 2 euros dans leur poche. Simultanément, chacun choisit une des deux pièces (identifiable tactilement à son diamètre) et place cette pièce sur la table. Si les pièces sont deux pièces de 2 euros, Alice les ramasse ; si ce sont deux pièces d'un euro, c'est Bernard qui les ramasse ; si elles sont différentes, chacun récupère sa pièce. Le jeu peut se modéliser dans une matrice des gains telle que celle représentée ci-dessous.

Alice \ Bernard	1 euro	2 euros
1 euro	(– 1 ; 1)	(0 ; 0)
2 euros	(0 ; 0)	(2 ; – 2)

matrice des gains des deux joueurs

Alice \ Bernard	1 euro	2 euros
1 euro	– 1	0
2 euros	0	2

matrice des gains d'Alice

Dans ce diagramme, les lignes correspondent aux deux actions possibles pour Alice et les colonnes aux deux actions possibles pour Bernard. Dans chaque case, sur le premier diagramme, on a écrit un couple de nombres qui sont, dans l'ordre, le gain (ou la perte) d'Alice et le gain (ou la perte) de Bernard. On remarque que le gain de l'un correspond exactement à la perte de l'autre : il s'agit d'un jeu à somme nulle (la somme des gains des deux joueurs est toujours nulle). On peut dans ce cas se contenter d'écrire dans les cases de la matrice ce que le second joueur donne au premier (second diagramme ci-dessus). Dans ce second diagramme, on observe que le maximum des minimums (le maximin) vaut 0 et que le minimum des maximums (le minimax) vaut également 0. Cette valeur est donc un point-selle de la valeur des gains. Alice a intérêt à sortir une pièce de 2 euros : elle ne risque aucune perte. Bernard, quant à lui, a intérêt à sortir une pièce de 1 euro pour la même raison. Chacun récupère alors sa pièce et personne n'a rien perdu. On est dans un jeu où s'applique une stratégie pure conduisant à un équilibre du jeu.

Reinhard Selten.

Lorsqu'il n'y a pas d'équilibre...

Tous les jeux ne conduisent pas à un équilibre. Reprenons le jeu précédent dans lequel nous modifions légèrement les règles : Alice et Bernard ont chacun une pièce de 1 euro et une pièce de 2 euros dans leur poche. Simultanément, chacun choisit une des deux pièces et place cette pièce sur la table. Si les pièces sont identiques, Alice les ramasse ; si ce sont deux pièces différentes, c'est Bernard qui les ramasse. Le jeu peut se modéliser par une nouvelle matrice des gains.

Alice \ Bernard	1 euro	2 euros
1 euro	1	– 1
2 euros	– 2	2

Les valeurs qui apparaissent dans cette matrice sont les gains d'Alice. Dans ce cas, le maximin vaut –1 et le minimax 1. L'intérêt d'Alice est de choisir 1 euro pour minimiser son risque de perte, tandis que celui de Bernard est de choisir 2 euros pour la même raison. Mais Alice connaît ce raisonnement de Bernard, et elle sait que, s'il suit ce raisonnement, elle perdra 1 euro. Elle devrait donc choisir de prendre 2 euros. Mais Bernard sait également qu'Alice va tenir ce deuxième raisonnement. Il peut donc plutôt choisir 1 euro... On constate qu'il n'y a pas de point d'équilibre dans ce jeu !

Il faut alors appliquer une stratégie mixte, en appliquant une probabilité à chacune des deux actions possibles, de façon à maximiser l'espérance mathématique du jeu pour chaque joueur. Affectons la probabilité p au choix de la pièce de 1 euro par Alice (celle de choisir 2 euros étant égale à $1 - p$). Si Bernard choisit 1 euro, pour Alice, l'espérance de gain E est égale à $1 \times p + (-2) \times (1 - p) = 3p - 2$.

Si Bernard choisit 2 euro, pour Alice, on a de même :

$E = (-1) \times p + 2 \times (1 - p) = -3p + 2$.

On en déduit que $p = 2 / 3$, et $E = 0$.

De la même façon, appliquons cette stratégie mixte au choix de Bernard. Soit p' la probabilité pour Bernard de choisir 1 euro et $1 - p'$ celle de choisir 2 euros. On obtient alors les deux égalités (avec E' son espérance de gain) : $E' = -2p' + 1$ et $E' = 4p' - 2$, d'où $p' = 1 / 2$ et $E' = 0$.

Alice doit donc jouer aléatoirement 1 euro ou 2 euros dans la proportion « deux tiers / un tiers ». Elle peut par exemple lancer un dé et choisir 1 euro si le dé affiche 1, 2, 3 ou 4 et 2 euros s'il affiche 5 ou 6. Bernard, quant à lui, peut choisir 1 euro ou 2 euros de façon équiprobable.

M.C.

La vente du billet de 100 euros

Mise aux enchères

Le juste prix est celui qui contente à la fois l'acheteur et le vendeur, prétendent les économistes. Il est des situations, comme pour les ventes d'armes, où cet équilibre ne peut être atteint.
Illustrons les ventes d'armes par une mise aux enchères plus ludique et aux données plus simples : imaginons que l'on puisse mettre aux enchères un billet de cent euros selon la règle du jeu un peu spéciale selon laquelle les deux derniers enchérisseurs paient chacun la somme qu'ils ont misée en dernier.
Celui qui a fait la plus grosse enchère garde le billet de cent euros, et l'avant-dernier enchérisseur perd la totalité de sa mise. Suivons les enchères.
Michel et Édouard sont les deux protagonistes. Michel mise dix euros, Édouard renchérit à vingt euros. Si Michel s'arrêtait, il perdrait dix euros et Édouard empocherait le billet : il gagnerait cent euros, moins son enchère de vingt euros, c'est-à-dire quatre-vingts euros.
Michel, qui ne veut pas perdre ses dix euros, renchérit à trente, Édouard surenchérit à quarante. Et les enchères continuent bon train, jusqu'à ce que l'un de nos deux protagonistes, Michel par exemple, mise cent euros : la valeur du billet. La situation est critique : si Édouard s'arrête, il perd sa dernière enchère de quatre-vingt-dix euros !
Donc il mise cent dix euros, pour perdre seulement dix euros si Michel s'arrête.
Mais Michel n'a pas intérêt à s'arrêter ! Il enchérit à cent vingt euros, préférant perdre vingt euros plutôt que cent.
Et ainsi de suite, nos enchérisseurs poursuivent leurs enchères pour ne pas perdre leur dernière mise, jusqu'à ce qu'ils atteignent la somme maximale qu'ils veulent ou peuvent perdre. En définitive, ils vont perdre tous deux de l'argent, et l'hypothétique vendeur en gagnera beaucoup. Cette règle du jeu conduit en effet à des enchères infernales.

Salles de vente

Dans l'enchère précédente, Michel et Édouard auraient pu s'entendre pour ne « pas trop faire monter les enchères » et partager ensuite le bénéfice du dernier enchérisseur. C'est une forme d'entente parfois utilisée par certains professionnels dans les salles de ventes… Mais là, c'est pas du jeu !
Une entente illégale lèse le vendeur, et la libre concurrence ruine les acheteurs. La concurrence saine et loyale est parfois impossible…
Notons enfin que la situation de la vente du billet de cent euros est plus courante qu'il paraît : course aux armements, dessous de table pour l'obtention d'un marché, escalades commerciales diverses. Il arrive que les deux perdent, mais comme disaient les Grecs, *Nemo auditur propriam turpitudinem allegans* (on n'écoute pas celui qui invoque sa propre turpitude). Surtout quand les enchères de ce type sont fixées par un vendeur perfide, qui va gagner beaucoup d'argent (pensons à un marchand d'armes qui vend des canons à deux pays en guerre).

Le désastre de Waterloo
expliqué par la théorie des jeux

Les mathématiques du choix rationnel peuvent parfois être au service des historiens et des stratèges. C'est ce que montre la réinterprétation, par la théorie des jeux, de la bataille de Waterloo. Le concept d'équilibre de von Neumann et Morgenstern est illustré sur cet exemple historique.

Comment Napoléon a-t-il pu perdre la bataille de Waterloo contre Wellington ? Comment le plus grand capitaine de son temps s'est-il laissé entraîner à combattre dans de mauvaises conditions et, finalement, défaire, par un rival, qui, même s'il était un tacticien de première force, n'atteignait pas, il s'en faut, son génie de stratège ? Le désastre de Waterloo causa tant de stupeur qu'une avalanche d'œuvres diverses lui fit bientôt suite pour l'expliquer, l'interpréter, l'amplifier. Dans ce pêle-mêle, on trouve des témoignages d'acteurs engagés, à commencer par celui de Napoléon dans le *Mémorial de Sainte-Hélène* ; des études savantes par les militaires, l'une des premières étant celle de Clausewitz, *la Campagne de 1815 en France* ; des récits ordinaires d'histo-

Philippe Mongin

est directeur de recherche de classe exceptionnelle au CNRS. Depuis 2006, il est professeur affilié d'économie et de philosophie à HEC et il a siégé au Conseil d'analyse économique auprès du Premier Ministre. Ancien élève de l'École normale supérieure, il a d'abord été dirigé par Raymond Aron, puis s'est tourné vers les théories économiques mathématisées, et particulièrement celles des choix rationnels.

riens ; de libres fantaisies d'écrivains ; des caricatures et d'autres produits curieux des arts plastiques. La réinterprétation de Waterloo, c'est la bataille après la bataille. Elle perdure aujourd'hui avec une production annuelle d'une bonne dizaine d'ouvrages historiques ou littéraires en français, anglais ou allemand (les trois langues principales des armées le 18 juin 1815). Les mathématiques manquaient au corpus, et nous risquerons une modélisation élémentaire de la stratégie retenue par Napoléon lors de la fatidique campagne. L'outil analytique en est la théorie des jeux et, plus précisément, celle des jeux à deux joueurs et somme nulle, que von Neumann et Morgenstern avaient mis en exergue dans leur ouvrage célèbre.

Le jeu de Napoléon et Blücher

Le jeu vise à décrire la situation militaire au 17 juin 1815, c'est-à-dire pendant la journée sans combats qui sépare la victoire de Napoléon sur Blücher à Ligny le 16 juin, et sa défaite contre Wellington à Waterloo le 18 juin. Les deux joueurs sont Napoléon et Blücher ; l'un campe sur le terrain de sa victoire à Ligny et se demande comment l'exploiter au mieux, l'autre est contraint à la retraite et se demande comment l'organiser au mieux. Il n'y a pas d'inconvénient à ignorer Wellington, parce que, le 17 juin, il

La bataille de Waterloo, de Clément-Auguste Andrieux (1829–1880).

La théorie des jeux et, plus généralement, celle des choix rationnels, a sa place dans les études historiques.

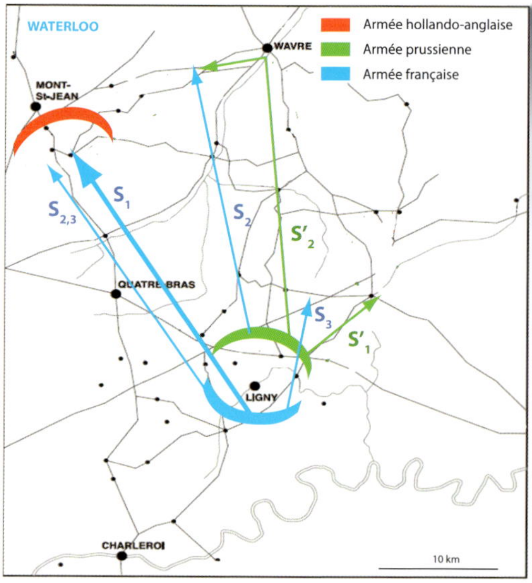

Les actions possibles, S1, S2, S3, de Napoléon après la victoire de Ligny du 16 juin 1815.

s'installait en position défensive à Waterloo sans se préoccuper des deux protagonistes et à bonne distance d'eux. La disposition des Anglo-Hollandais peut ainsi jouer le rôle d'un paramètre dans les décisions des deux protagonistes, qui, en revanche, sont stratégiquement dépendantes. Du côté de Napoléon, l'incertitude ne porte pas seulement sur la décision de Blücher, mais sur l'état d'affaiblissement relatif des troupes prussiennes au soir de leur défaite, alors que, du côté de Blücher, elle ne porte que sur la décision de Napoléon. En langage technique, le jeu est *à information incomplète et asymétrique*. On le suppose par ailleurs à *somme nulle*, ce qui veut dire que les paiements associés aux décisions prises par Napoléon et Blücher ont des valeurs algébriques opposées. Il suffit donc de considérer un seul joueur, qui, conventionnellement, sera Napoléon. L'hypothèse de somme nulle est facile à défendre, car il s'agit d'un conflit militaire sans merci, comme l'était celui du Français et du Prussien lors de cette campagne.
Le jeu offre trois actions possibles à Napoléon pour qu'il exploite sa victoire :
S1 : marcher sur les Anglo-Hollandais avec son armée tout entière ;
S2 : marcher avec la seule aile gauche, en envoyant l'aile droite s'interposer entre les Prussiens et les Anglo-Hollandais, de manière à éviter leur jonction ;
S3 : marcher avec la seule aile gauche, en détachant cette même aile droite, mais cette fois avec l'objectif de poursuivre les Prussiens et de parachever ainsi la victoire de Ligny.

Pour sa part, Blücher dispose de deux actions possibles pour organiser sa retraite :
S'1 : marcher vers l'Est (Namur) et rejoindre l'Allemagne ;
S'2 : marcher vers le Nord (Wavre) et rechercher le contact avec les Anglo-Hollandais.

Le jeu comporte d'assez nombreux paramètres algébriques : ils représentent, d'une part, les valeurs des engagements concevables (une bataille à trois armées, des batailles distinctes franco-anglaise et franco-prussienne) suivant qu'ils sont gagnés ou perdus par Napoléon, et d'autre part les probabilités que Napoléon pouvait attribuer à chacun de ces dénouements, ainsi qu'à l'incertitude fondamentale (l'état d'affaiblissement de Blücher). Sous des hypothèses peu contraignantes imposées aux différents paramètres, le jeu a un équilibre unique (un point selle) au sens préconisé par von Neumann et Morgenstern pour les jeux à deux joueurs et à somme nulle.

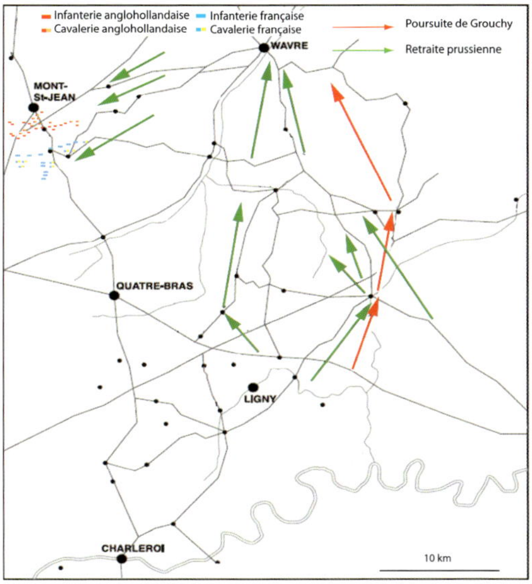

La bataille de Waterloo le 18 juin 1815 : l'armée prussienne revient dans la bataille alors que Grouchy aurait dû l'arrêter.

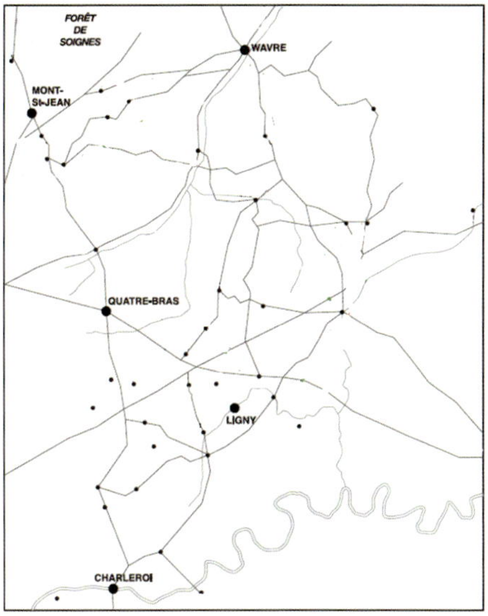

Le théâtre des opérations.

Compte tenu de l'état effectivement réalisé (Blücher n'était pas gravement affaibli), l'équilibre se ramène aux deux actions S2 et S'2. À la manière de von Neumann et Morgenstern, on peut considérer qu'elles indiquent ce qu'il était rationnel de faire pour chaque joueur. Ainsi, Blücher fit bien de marcher vers le Nord en recherchant le contact avec Wellington, et Napoléon fit bien de séparer son armée, mais, c'est la précision qui compte, il devait le faire dans un but d'interposition, et non pas de poursuite.

La reconstruction n'aurait pas d'intérêt si elle ne s'articulait pas sur une difficulté antérieure de la recherche historique. Le 17 juin, Napoléon prit en effet la décision de séparer son aile droite, menée par Grouchy, et de l'envoyer contre les Prussiens en pleine retraite ; lui-même irait donc avec la seule aile gauche vers les Anglo-Hollandais installés à Waterloo. Mais on ne connaît pas avec certitude ses instructions à Grouchy : l'entrevue des deux hommes, au matin du 17, n'eut ni témoin, ni procès-verbal, et par la suite, elle est présentée différemment chez l'un (dans le *Mémorial*) et chez l'autre (dans ses *Mémoires* parus à titre posthume). Deux interprétations s'opposent alors : celle de Napoléon, généralement reprise par l'école française d'histoire militaire, voulant que Grouchy eût à empêcher Blücher de rejoindre Wellington (ce qui lui imposait de marcher vers le nord-ouest dès que possible), et celle de Clausewitz, reprise par l'école prussienne, d'après laquelle Grouchy devait seulement pourchasser les Prussiens (ce qui rendait sa direction dépendante de la leur). L'analyse proposée schématise les deux objectifs comme l'*interposition* (S2) et la *poursuite* (S3), respectivement, et elle tente d'arbitrer à partir du concept d'équilibre de von Neumann et Morgenstern. Puisqu'on peut supposer que Napoléon était un acteur rationnel, il découle qu'il a dû

« Il dit : “Grouchy !” [à gauche], c’était Blücher [à droite]. »

enjoindre à Grouchy S2, et non pas S3. Le jeu permettrait donc d’*extrapoler* une information qui n’était pas disponible aux historiens.

En l’occurrence, le jeu est favorable à la thèse française contre la thèse prussienne, mais l’orgueil national n’est pas entièrement comblé, car il subsiste la difficulté de comprendre Grouchy. Pendant l’après-midi du 17 et toute la journée du 18, il remplit exclusivement l’objectif de poursuite, au point d’ailleurs de remporter une futile victoire contre un corps prussien laissé en arrière-garde à Wavre. Pendant ce temps, trois autres corps progressaient vers le champ de bataille de Waterloo, et le premier arrivé, vers 15 h 30, percuta l’aile droite française en faisant basculer le sort des armes qui était resté jusqu’alors indécis… Grouchy n’aurait-il pas compris les ordres, qui, suivant la manière de l’époque, lui auraient été donnés obscurément ? Ou bien aurait-il fait preuve de mauvaise volonté en s’en tenant au plus facile, qui était de se mettre à la traîne de l’adversaire ? Plusieurs indications donnent à penser qu’il ne s’est pas comporté rationnellement, mais la théorie des jeux, qui est précisément une branche de la théorie des choix rationnels, ne s’accommode pas volontiers de ce genre d’explication. Pour lui être entièrement fidèle, il faudrait perfectionner le jeu et y représenter le rôle autonome de Grouchy. Intervenant comme joueur en sus de Napoléon, il en serait le délégué plus ou moins fidèle, et Napoléon devrait tenir compte de sa décision tout autant que de celle de Blücher. Un jeu limité aux deux chefs d’armées n’est donc qu’une première approximation, en partie justifiée par la facilité du traitement analytique.

Théorie du modèle comme caricature

D’après certains philosophes de l’histoire (Raymond Aron par exemple), il ne faudrait pas attendre de la reconstruction rationnelle qu’elle soit jamais satisfaisante. Assurément, l’histoire est faite de bruit et de fureur, mais – si l’on ose continuer la parodie de

Shakespeare et de Faulkner – ce n'est pas toujours, et ce n'est pas même souvent, un idiot qui la raconte. Il est d'autant plus naturel de réarranger les grands événements, comme Waterloo, que, avant les historiens, les acteurs eux-mêmes s'y efforcent : dans le *Mémorial*, Napoléon veut donner forme et sens à ce qui lui parut d'abord incompréhensible ; et son adversaire privilégié, Clausewitz, fait de même dans *la Campagne* (le stratège prussien participa lui-même aux événements de Ligny). Dans ces conditions, pourquoi se priverait-on du secours des mathématiques si elles parviennent à suppléer quelquefois le langage ordinaire, qui est l'idiome exclusif des acteurs et des historiens ? Devant l'objection des sceptiques, comme Aron, il vaut mieux que l'auteur du modèle reconnaisse n'avoir produit qu'une caricature de la situation et qu'il se défende précisément par les avantages de ce genre artistique singulier. La caricature est un révélateur de ce que nous percevrions ou comprendrions moins bien si nous nous arrêtions à la simple description des faits ou si nous prétendions obtenir l'explication totale.

Prise avec l'ironie convenable, la théorie des jeux et, plus généralement, celle des choix rationnels, ont leur place dans les études historiques. La spécialité militaire leur offre des applications d'autant plus naturelles que les acteurs et les historiens emploient des concepts proches de ceux de la théorie : stratégie et tactique ; plan de campagne, gains et pertes ; information, décision, exécution… Et pourtant, la modeste analyse résumée ici est l'une des rares qui aient été produites en cette matière. Si la Guerre froide s'est prêtée à l'usage de la théorie des jeux, pour que les idées obscures de dissuasion nucléaire et d'équilibre de la terreur soient éclaircies et mieux fondées, la « guerre chaude » est demeurée à l'écart du mouvement. Dans les écoles de guerre et, d'ailleurs aussi, les écoles de commerce, où la métaphore militaire a volontiers cours, on diffuse des traités de stratégie qui sont d'épaisses compilations de récits et de recettes imparfaitement unifiés par le bon sens. Loin d'être confinées à la vie économique et financière, les mathématiques du choix rationnel voient s'ouvrir devant elles une vaste carrière d'applications inédites.

P. M.

Références

- *Theory of Games and Economic Behavior*. John von Neumann et Oskar Morgenstern, Princeton University Press, 1944.

- *Retour à Waterloo. Histoire militaire et théorie des jeux.* Philippe Mongin, Éditions de l'EHESS, *Annales. Histoire, Sciences Sociales,* tome 63, 2008.

La stratégie moderne

La guerre moderne semble avoir fait disparaître le champ de bataille. Si les médias nous en montrent un, il ne signifie pas grand-chose : pour comprendre où se déroulent les guerres de notre temps, il faut connaître les bases scientifiques de la stratégie moderne.

N'en déplaise aux traîneurs de sabres d'antan, la guerre ne se fait pas (ou plus) pour mener un beau combat, héroïque si possible, par souci esthétique en quelque sorte.

Quels sont les buts de la guerre ? Un belligérant qui ne sait pas ce qu'il veut a peu de chances de l'obtenir. Les objectifs des alliés lors de la Seconde Guerre mondiale, ceux des États-Unis pendant la guerre du Viêt-Nam, ceux de la coalition internationale lors de la guerre du Golfe ou encore ceux de la lutte contre le terrorisme, les cartels de la drogue ou la mafia sont bien identifiés (quoi que l'on pense de leur opportunité). Même s'ils n'ont pas toujours été atteints, ils pouvaient ou pourraient l'être. En revanche, une guerre sans but bien défini (sauf celui de remporter un succès militaire) n'a aucun sens et ne peut donc être gagnée. L'histoire et même l'actualité est semée de ces guerres sans but bien défini pour certains des belligérants. L'échec est alors obligatoire, même en cas de « victoire ».

Une guerre qui n'a pour but qu'un succès militaire est vouée à l'échec, même en cas de « victoire ».

Dans certains cas, le but semble bien défini : il s'agit par exemple de changer le pouvoir en place dans un pays afin qu'il collabore avec une puissance bien établie, du point de vue commercial comme du point de vue politique. Il n'est pas question ici de discuter du côté légitime ou non de la question, mais d'analyser la stratégie que pourront employer, par exemple, un pays puissant dans une guerre.

Modéliser l'ennemi

Les objectifs politiques étant supposés définis, comment les atteindre ? L'idéal serait d'amener l'ennemi à les accepter,

Platoon,
Oliver Stone, 1986.

à les partager. Cela peut sembler une boutade mais l'idée est moins stupide qu'elle ne le paraît. Pour comprendre la question, il faut d'abord se demander ce qu'est l'ennemi. Le meilleur modèle aujourd'hui à disposition est celui de *système organique*, à savoir toute entité autonome, libre et capable de décider où aller et que faire. Cette définition n'est pas limitative aux seuls États : les mafias, les guérillas, les organisations terroristes et les cartels de la drogue sont également de ce type.

Un modèle commun de ces divers systèmes aide à les comprendre et donc à lutter intelligemment contre eux si cela est nécessaire. Cette idée de système est très proche d'une façon mathématique de voir les choses : on y retrouve en particulier les idées du mathématicien américain Norbert Wiener.

Un système organique peut se représenter par cinq cercles. Le premier est son *mécanisme de direction* : gouvernement pour un État, PDG pour une société, ou parrain pour un réseau mafieux. C'est ce centre qui choisit les buts du système. Ce cerveau est son endroit le plus sensible. Il dirige l'ensemble des parties du corps. Le tableau suivant donne les cinq cercles en question avec leurs analogues dans le corps humain.

Bien entendu, comme dans tous les modèles, tout cela est approximatif mais aide à l'appréhension du système dans son ensemble. Il faut par exemple bien noter que l'armée n'en est qu'une partie et que ce n'est pas elle qui décide. S'obnubiler sur cet élément est une erreur grossière. Dans une guerre, l'idéal serait au contraire de ne pas avoir à s'en occuper : comme Clémenceau le disait déjà, la guerre est une chose trop importante pour qu'on la confie aux militaires…

Dauphin Pedro devant le porte-avions Charles de Gaulle.

Systèmes organiques

Ce modèle de système a donc quatre éléments de base : direction, fonctions essentielles, infrastructure et population. La différence entre les systèmes organiques et les autres réside dans le dernier élément : la capacité d'autoprotection. Par exemple, le système solaire peut être envisagé sous ce modèle. Le soleil est la direction, la fonction organique essentielle est la fusion nucléaire qui fournit l'énergie à l'ensemble, l'infrastructure est l'espace et la gravité et la population les planètes. Seul manque un système d'autoprotection.

Poursuivons l'analogie et imaginons que des extraterrestres veuillent anéantir le système solaire. Pour cela, on peut envisager qu'ils détruisent les planètes l'une après l'autre. Il serait plus simple cependant de détruire le soleil. Les planètes n'en seraient perturbées qu'un peu après (huit minutes pour la Terre) mais la disparition du système serait inévitable. De même, dans tout système, la destruction du centre provoque la destruction du système entier même s'il faut un certain temps pour s'en rendre compte. La stratégie moderne est fondée sur cette analyse préalable des systèmes.

Stratégie

Insistons sur ce point primordial : la stratégie ne consiste pas à détruire les forces armées de l'ennemi mais à amener celui-ci à faire ce que l'on veut qu'il fasse. L'objectif est l'ensemble du système adverse, et non ses seules forces militaires. Si le système ennemi

	Corps	État	cartel de la drogue
Direction	cerveau, yeux, nerfs	gouvernement, transmissions, sécurité	parrain, transmissions, sécurité
Fonctions essentielles	nourriture et oxygène	énergie (électricité, pétrole, nourriture…), monnaie	production et transformation de coca
Infrastructure	vaisseaux, os, muscles	routes, aérodromes, usines	routes, voies aériennes et maritimes
Population	cellules	habitants, cultivateurs	fabricants, distributeurs
Protection	leucocytes	armée, police, pompiers	membres armés

La méthode PERT

La méthode PERT consiste à représenter sous forme de graphes les différentes contraintes d'un projet. Les tâches sont hiérarchisées suivant l'ordre dans lequel elles doivent être réalisées. Ainsi, certaines peuvent être faites en même temps, d'autres non. Par exemple, si on décide de détruire les usines électriques d'un pays, il est nécessaire de neutraliser ses défenses aériennes au préalable. En revanche, une fois cela fait, il est possible de détruire toutes les usines simultanément.
Le temps de chaque étape étant déterminé à l'avance, on peut savoir quand se déclenchera la suivante. La méthode a montré son succès dans la réalisation des fusées Polaris, mais aussi pour la gestion des campagnes militaires des États-Unis.

est analysé correctement puis traité comme il faut, ses forces armées peuvent se retrouver comme un appendice inutile n'ayant plus aucun support de la direction, des organes essentiels, de l'infrastructure et de la population.

Le cercle le plus critique du modèle est le centre. D'une part, s'il est détruit, le système n'existe plus ; d'autre part, c'est le seul qui puisse faire les concessions que l'on attend de l'ennemi. Détruire ce cercle en la personne de son ou de ses chefs est évidemment le plus efficace. Par exemple, la mort de Hitler a signé la fin de la Seconde Guerre mondiale en Europe. Si elle était survenue plus tôt, cela aurait également été le cas. Toutefois, devant la difficulté d'atteindre le centre, on essaye souvent plutôt une attaque des autres centres de gravité, en particulier les fonctions organiques essentielles. Pour un État, il s'agit le plus souvent du système de production électrique : c'est en particulier de cette manière que la Serbie a été vaincue lors de la guerre du Kosovo. Pour un cartel de la drogue, c'est plutôt la production de coca qui est cruciale : si elle cesse, le cartel disparaîtra à terme comme le système solaire après la destruction du soleil. La différence est que dans le cas d'un État les objectifs sont peu nombreux, ce qui est faux pour un cartel de la drogue. Pour ce dernier, il vaut donc mieux s'attaquer aux laboratoires de transformation qu'à la production de la matière première elle-même, autrement dit s'attaquer aux infrastructures. Un tel choix ne peut être opérant que lorsque leur nombre est réduit.

Hors les forces armées, le dernier cercle est constitué par la population. S'en prendre à elle est moralement répréhensible, elle est de plus peu efficace en général. Ni les bombardements sur l'Angleterre, ni ceux sur l'Allemagne n'ont eu d'effets importants sur l'évolution de la Seconde Guerre mondiale. Il en a été de même aux Viêt-Nam ou lors du 11-Septembre 2001. Le seul cas de réussite dans ce domaine est indirect : les Nord-Vietnamiens ont atteint leurs buts en élevant les pertes américaines à un niveau supérieur à celui que l'opinion publique était prête à accepter. Il n'est donc pas facile de l'emporter en se concentrant sur ce facteur mais il est clair que, dans une guerre contre les États-Unis par exemple, un ennemi pourra chercher à utiliser ce moyen, soit physiquement comme par le biais du terrorisme, soit psychologiquement en tentant d'imiter les Nord-Vietnamiens.

Il est difficile de prévoir l'efficacité de l'une ou l'autre méthode car, dans ce domaine, on a vite fait d'obtenir l'effet inverse de celui attendu.

Tactique

Les objectifs stratégiques étant déterminés, leur réalisation est une question de tactique. Celle-ci doit également être conçue de manière scientifique. Encore une fois, il ne s'agit pas de mener un « beau combat » : c'est Hollywood, pas l'académie militaire de West Point, qui a créé Rambo.
Le problème est d'abord industriel : quelles armes développer pour atteindre les objectifs assignés par la stratégie ? Le choix de détruire des objectifs vitaux mais limités a poussé au développement des armes de grande précision. Une centrale électrique est en effet très fragile et peut être détruire sans être rasée : quelques coups au cœur suffisent. Les méthodes de guidage de missiles ou d'avions drones (c'est-à-dire sans pilote) font évidemment appel au système GPS, à forte teneur en mathématiques, mais aussi à des théories mathématiques comme la théorie des jeux. De même, si l'on décide de détruire les communications terrestres de l'adversaire, la théorie des graphes intervient pour déterminer le minimum d'objectifs à atteindre pour rendre le réseau de communications visé inopérant. Il s'agit normalement d'un certain nombre de carrefours : c'est ainsi qu'une partie de la théorie des graphes a été développée pendant la Seconde Guerre mondiale pour résoudre le problème de savoir com-

La méthode de Napoléon

Napoléon Bonaparte a marqué l'histoire comme génie militaire. Du point de vue politique, cela est moins certain. De même que celles de Louis XIV, ses guerres n'ont fait qu'appauvrir la France et non le contraire. Pendant ce temps, sans grand « stratège », le Royaume-Uni a su profiter de ses victoires.
Toutefois, le génie militaire de l'empereur est certain et repose sur une méthode quasi-mathématique.
Pour lui, le problème n'est pas d'avoir l'armée la plus nombreuse, mais d'avoir l'armée la plus nombreuse au bon endroit. Pour cela, il utilise la vitesse dans la préparation comme dans l'action. Les déplacement, calculés au plus juste, sont destinés à empêcher l'ennemi de se concentrer au bon endroit.
Napoléon distingue deux idées : la réunion et la concentration. Pour lui, il s'agit de tenir son armée réunie de façon à ce que ses diverses unités puissent être concentrée sur la champ de bataille en un seul jour. La méthode demande donc d'incessants calculs. Pour faire simple, Napoléon utilise systématiquement une position centrale – ce que ses adversaires mettront des décennies à comprendre, préférant quant à eux des mouvements d'enveloppements qui les amènent à disperser leurs forces.
Autrement dit, si le problème est comment détruire une armée de cent mille hommes avec une armée de cinquante mille, alors la solution de Napoléon est de diviser d'abord l'armée ennemie en quatre sous-armées de vingt-cinq mille hommes, pour vaincre successivement les quatre avec les cinquante mille hommes réunis. L'idée stratégique moderne de détruire les communications de l'adversaire est sans doute une héritière de cette idée de Napoléon.

La bataille d'Austerlitz, François Gérard.

bien il faut supprimer d'arêtes à un graphe au minimum pour le disconnecter (c'est-à-dire pour rendre impossibles les communications entre les différents points qu'il relie).
La planification de ces projets industriels utilise une forte dose de mathématiques, comme pour la méthode PERT. Cette méthode, fondée elle aussi sur la théorie des graphes, a initialement été développée pour un projet de l'armée américaine dans les années 1950, le projet Polaris (voir en encadré), dont la durée de réalisation a ainsi pu être ramenée de sept à quatre ans.
En résumé, c'est l'industrie qui a créé les armes nécessaires à la stratégie américaine, et non l'inverse. En effet, la stratégie ne consiste pas à mener une guerre en fonction des armes dont on dispose, mais bien plutôt à créer celles permettant de suivre les principes stratégiques que l'on entend appliquer. Une fois réalisées les armes adéquates, le dernier élément de la tactique est de les mettre en œuvre. Un problème d'organisation générale se pose à nouveau, qui nous ramène à la méthode PERT. Ce n'est qu'ensuite, sur le terrain, que l'on retrouve la tactique militaire au sens classique, dans laquelle il est souvent question de position et de gestion du temps.

De nos jours, il ne faut donc plus guère s'attendre de la part d'États comme les États-Unis à des guerres du même type que la Seconde Guerre mondiale, avec ses batailles bien identifiées. Si une nouvelle guerre devait avoir lieu, ce que les médias pourront montrer ne sera guère compréhensible ; tout au plus pourrons-nous peut-être voir quelques batailles périphériques.

H. L.

par Françoise Forges

Les ventes aux enchères

La théorie des jeux éclaire les différentes méthodes de mise aux enchères. Le théorème de l'équivalence du revenu assure que les quatre enchères standard (montante, descendante, sous pli scellé au premier prix, et au second prix) garantissent à l'équilibre le même revenu moyen au vendeur.

Françoise Forges est professeur d'économie à l'Université Paris-Dauphine et membre senior de l'Institut universitaire de France.

Les lots divers vendus aux enchères (œuvres d'art et immeubles, fleurs et poissons, concessions pétrolières, licences de téléphonie, actions et obligations...) ont un point commun, qu'ils partagent avec les innombrables objets proposés sur des sites Internet comme *eBay* : ils sont perçus comme uniques en leur genre et n'ont donc pas de prix de marché.

Une procédure de vente et d'achat utilisée est l'enchère montante, ou « anglaise », dans laquelle les acheteurs potentiels surenchérissent, par exemple oralement, jusqu'à ce qu'une dernière offre soit atteinte. Selon une autre pratique, les enchérisseurs font parvenir une offre sous pli scellé au vendeur. Quelle est la procédure qui maximise le revenu du vendeur ?

L'enchère au second prix

William Vickrey, prix Nobel d'économie en 1996, est le premier qui ait appliqué la théorie des jeux aux enchères. Au début des années 1960, il a imaginé la procédure suivante : les enchérisseurs (par exemple, au nombre de quatre, A, B, C et D) font simultanément une offre sous pli scellé (par exemple A propose 625 €, B, 150 €, C, 800 € et D, 475 €). Le plus offrant, c'est-à-dire celui qui propose le « premier prix », se voit attribuer l'objet

William Vickrey (1914–1996), théoricien de la vente aux enchères.

(dans notre exemple, C, avec 800 €) mais ne paie que le montant le plus élevé proposé par les autres participants, c'est-à-dire le « second prix » (dans notre exemple, 625 €). Les actions des différents joueurs déterminent le gagnant, qui emporte l'objet, et le prix à payer. Quelle est l'information de chaque joueur au moment de son offre ? À la suite de Vickrey, nous supposerons que chaque enchérisseur attribue une valeur à l'objet, connue de lui seul et indépendante de la valeur attribuée par les autres.

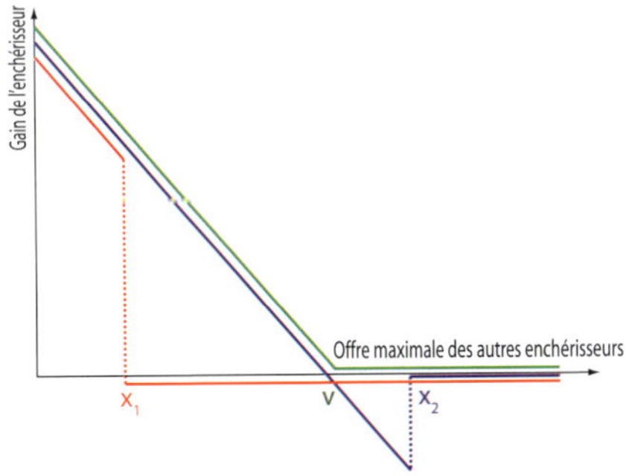

Enchère au second prix. En rouge, le gain d'un enchérisseur qui propose une valeur x_1 inférieure à son évaluation v de la valeur de l'objet ; en bleu, le gain d'un enchérisseur qui propose une valeur x_2 supérieure à son évaluation v. La stratégie où l'enchérisseur propose une valeur égale à son évaluation maximise son gain $v - w$.

Le problème d'un enchérisseur est de déterminer l'offre optimale qu'il soumettra sous pli scellé en fonction de sa valeur subjective v. À première vue, le résultat de son choix dépend du comportement des autres joueurs, qu'il ne connaît pas. Mais voyons comment notre enchérisseur agirait si le montant maximal proposé par les autres était w. Toute offre supérieure à w lui permet d'obtenir l'objet au prix w, c'est-à-dire de réaliser un gain de $v - w$. Toute offre inférieure à w lui laisse un gain nul. Il ressort que, quel que soit w, notre enchérisseur ne peut faire mieux que de proposer sa vraie valeur v (voir la figure ci-dessus). Chaque enchérisseur a donc une stratégie dominante qui lui assure un gain maximal indépendamment des choix des autres joueurs : elle consiste à révéler sincèrement son estimation de la valeur de l'objet.

Vente aux enchères à l'hôtel Drouot.

Vickrey a d'emblée convaincu les économistes de l'intérêt pratique de sa procédure en démontrant que, sous son hypothèse de valeurs subjectives indépendantes, elle est équivalente à l'enchère anglaise. Pour le voir, imaginons que, dans l'enchère anglaise, le commissaire-priseur augmente graduellement les prix, tandis que les participants manifestent s'ils sont acquéreurs au prix courant. Un acheteur potentiel peut se désister à tout moment, le retrait étant définitif. À mesure que les prix augmentent, le nombre de participants se réduit, jusqu'à ce qu'un seul demeure intéressé. Celui-ci est déclaré vainqueur de l'enchère et paie le montant qui a fait fuir son dernier concurrent, c'est-à-dire l'analogue du second prix si l'enchère se déroulait sous pli scellé. L'enchère dite japonaise est une version de l'enchère montante, qui se déroule vraiment comme décrit ci-dessus. Les enchérisseurs disposent d'un terminal et ne voient pas les montants enchéris par les autres. Ils voient monter le prix proposé par le commissaire-priseur sur leur écran et maintiennent une touche enfoncée tant qu'ils sont actifs ; ils lâchent la touche dès qu'ils se désistent.

L'enchère hollandaise : les enchérisseurs doivent ruser

Voyons maintenant l'enchère descendante, ou *hollandaise*, utilisée notamment pour la vente des tulipes aux Pays-Bas. Partant d'un prix élevé, le crieur fait des propositions de plus en plus basses jusqu'à ce qu'un acquéreur lève la main ; celui-ci emporte le lot au prix courant. Comme le déroulement de cette enchère ne laisse filtrer aucune information, la stratégie d'un enchérisseur se borne à déterminer, en fonction de son évaluation initiale, le montant auquel il se porte acquéreur, exactement comme dans une enchère sous pli scellé. De plus, le prix payé par le gagnant correspond au premier prix. Dans l'exemple ci-dessus, C est prêt à payer 800 € pour l'objet et l'emporte. L'enchère hollandaise apparaît stratégiquement équivalente à l'enchère sous pli scellé au premier prix.

Revenons au vendeur qui cherche à maximiser son revenu. Au second prix, nous l'avons vu, chacun a une stratégie dominante, consistant à révéler son évaluation. Cette stratégie, qui assure un profit au vainqueur de l'enchère au second prix, est désastreuse au premier prix : si on emporte l'objet, on paie le montant de son estimation et on fait un gain nul ! Si l'enchère est au premier prix, un enchérisseur doit offrir moins que la valeur qu'il attribue à l'objet. Mais quel est le montant optimal ? Nous allons voir qu'il n'y en a pas, au sens où l'enchérisseur ne peut ignorer la stratégie de ses concurrents.

Considérons le cas le plus simple où seulement deux enchérisseurs, A et B, s'affrontent. Supposons que l'évaluation de A soit v, inférieure à 1 000 €, et qu'il conjecture d'abord que B fasse naïvement une offre égale à sa vraie évaluation v'. Supposons également que A n'ait pas la moindre idée de l'évaluation de B, et considère comme équiprobables toutes les valeurs de v' entre 0 et 1 000 €, c'est-à-dire que v' obéisse à une « loi uniforme » entre 0 et 1 000. En faisant lui-même une offre x, A gagne l'objet si x est supérieur à v', ce qui, par définition de la loi uniforme, se produit avec probabilité $x / 1\,000$; le gain de A est alors $v - x$. Si x est inférieur à v', A ne gagne rien; son gain moyen est donc $(v - x)x / 1\,000$, représenté sur la figure suivante (le premier schéma). Quand B est naïf, la meilleure offre de A est d'offrir la moitié de son évaluation v. Supposons à présent que A conjecture que B propose le cinquième de son évaluation, soit $v' / 5$. A doit-il encore proposer $v / 2$? L'offre de B ne peut plus dépasser 200, et en faisant une offre x de plus de 200, A est certain d'obtenir l'objet ; son gain est alors $v - x$. Par exemple, si $v = 600$, il s'assure un gain de 399 en proposant 201, tandis qu'une offre de $v / 2 = 300$ lui donne un profit de 300 seulement. Ceci suffit à nous convaincre du fait que A n'a pas de stratégie dominante : sa meilleure stratégie ($x = v / 2$) quand B est naïf n'est pas nécessairement optimale quand B réduit son offre au cin-

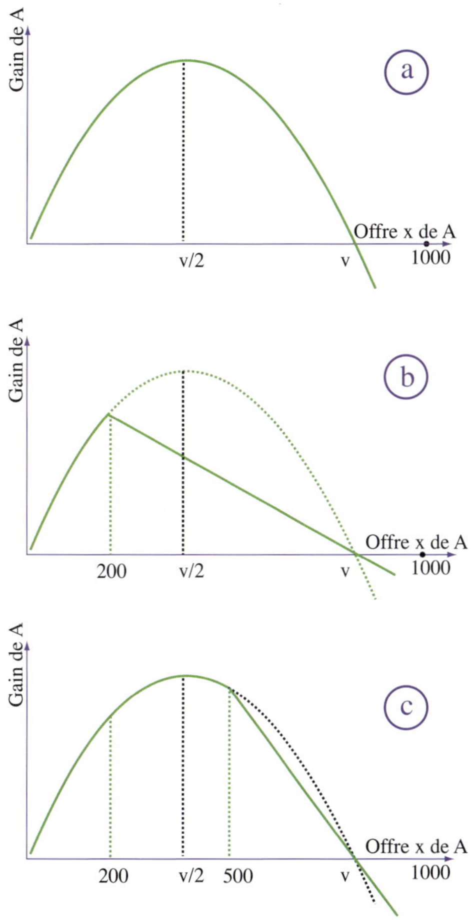

Gains de l'enchérisseur A en fonction de son offre pour diverses stratégies de son concurrent B dans une enchère sous pli scellé au premier prix. On suppose que la probabilité de l'évaluation faite par B est uniforme entre 0 et 1 000. Premier schéma : gain de A en fonction de son offre quand B offre la totalité de son évaluation.
Deuxième schéma : gain de A quand B offre le cinquième de son évaluation.
Troisième schéma : gain de A quand B offre la moitié de son évaluation. Le gain maximal de A dépend de la stratégie de B.

quième de son évaluation. La fonction de gain de A dans ce cas est représentée sur le deuxième schéma de la figure. On voit que, dès que *v* est supérieur à 400, 200 est le meilleur choix de A si B offre *v*' / 5. Le dernier schéma de la figure représente le cas où B offre la moitié de son évaluation : là, le meilleur choix de A est d'offrir lui aussi la moitié de son évaluation.

Des stratégies en équilibre

Comment le vendeur peut-il anticiper l'issue de l'enchère sous pli scellé au premier prix, si les participants n'ont pas de stratégie dominante ? Le concept de solution classique en théorie des jeux a été proposé par le mathématicien John Nash, prix Nobel d'économie en 1994. Un *équilibre de Nash* consiste en un ensemble de stratégies, une par joueur, telles que la stratégie de chacun soit une « meilleure réponse » aux stratégies des autres, c'est-à-dire assure le meilleur gain possible, compte tenu du choix des autres. En particulier, des stratégies dominantes forment un tel équilibre.

Munis de ce nouvel outil, cherchons la solution de notre jeu d'enchère en supposant que les deux joueurs A et B ont l'un sur l'autre des croyances semblables, c'est-à-dire que leurs évaluations indépendantes, *v* et *v*', sont toutes deux distribuées uniformément entre 0 et 1 000. Notons x_A et x_B les stratégies respectives de A et B : $x_A(v)$ est l'offre de A quand son évaluation est v, $x_B(v')$, celle de B en v'. Nous avons déjà vu que $x_A(v) = v$, $x_B(v') = v'$ ne peut constituer un équilibre : la meilleure réponse de A à $x_B(v') = v'$ n'est pas $x_A(v) = v$ mais $x_A(v) = v / 2$. Les stratégies $x_A(v) = v / 5$, $x_B(v') = v' / 5$ ne sont pas en équilibre non plus : si $v = 600$, la meilleure réponse de A à x_B est 200, et non 120. Considérons $x_B(v') = v' / 2$. Le gain moyen de A est $(v - x)x / 500$ si son offre x est inférieure à 500, et $v - x$ sinon. Comme v est inférieur à 1 000, le maximum est atteint en $x = v / 2$ (voir sur le troisième schéma), c'est-à-dire que $x_A(v) = v / 2$ est la meilleure réponse de A à $x_B(v') = v' / 2$. En tenant un raisonnement symétrique pour B, on voit qu'à l'équilibre d'une enchère sous pli scellé au premier prix opposant deux concurrents, chacun n'offre que la moitié de son évaluation. Si le nombre de participants était n, l'offre deviendrait $v(n - 1) / n$.

La malédiction du vainqueur

Nous sommes maintenant en mesure de calculer le revenu moyen du vendeur dans notre exemple. Si l'enchère est au second prix, ce revenu est le minimum de v et de v', tandis qu'au premier prix, c'est le maximum de $v / 2$ et de $v' / 2$. On montre que si v et v' sont uniformes entre 0 et 1 000, leur minimum tombe, en moyenne, au tiers de 1 000 et leur maximum, aux deux tiers. Le revenu moyen du vendeur est donc de 333,33… dans les deux cas ! S'il y avait n participants, on trouverait de même $1\,000(n - 1) / (n + 1)$ quelle que soit l'enchère. Cette égalité n'a rien d'accidentel : suivant le *théorème de l'équivalence du revenu* établi par Vickrey, dans le modèle des valeurs privées, indépendantes et symétriques, les quatre enchères standard (montante, descendante, sous pli scellé au premier prix, et au second prix) garantissent à l'équilibre le même revenu moyen au vendeur.

Le théorème de l'équivalence du revenu ne règle pas complètement le problème du choix d'une procédure d'enchère optimale. Par exemple, le résultat ne dit rien sur la *dispersion* du revenu, qui est plus marquée dans l'enchère au second prix. Un commissaire-priseur qui ne veut pas prendre de risque préfèrera donc l'enchère au premier prix. Par ailleurs, le théorème ne s'applique pas si la valeur du lot vendu aux enchères cesse d'être tout à fait subjective.

Si une entreprise acquiert aux enchères un bien dont la valeur est objective, elle se verra le surpayer si son offre est égale ou à peine inférieure à l'estimation fournie par les experts. Ce phénomène de « malédiction du vainqueur » est confirmé par des données empiriques. Pour éviter la déconvenue, l'entreprise doit déterminer son offre en anticipant que son estimation puisse être la plus élevée. Cette correction stratégique peut se calculer comme celle qu'on a déjà observée pour l'enchère au premier prix dans le cas de valeurs subjectives.

F.F.

RÉFÉRENCES :

- *Les ventes aux enchères.* Françoise Forges, Pour La Science, Novembre 2004.
- *Auction Theory.* Vijay Krishna, Academic Press, 2002.
- *Theory of Games and Economic Behavior.* John von Neumann et Oskar Morgenstern, Princeton University Press, 1944.
- *An Introduction to Game Theory.* Martin Osborne, MIT Press, 2003.

par Éric Angelini

L'Oulipo et la théorie des jeux

Les fondateurs de l'Oulipo (au centre, François le Lionnais, Raymond Queneau et derrière, barbu, Georges Perec).

« À quoi jouez-vous, Georges Perec ?
— Les jeux que je préfère, ceux auxquels je joue le plus, ce sont des jeux sur le langage. »
Ainsi s'exprimait Georges Perec en janvier 1980, interviewé par Alain Ledoux pour le premier numéro de la revue *Jeux & Stratégie*. Les jeux sur le langage, évoqués ainsi par l'un des membres les plus éminents de l'Ouvroir de littérature potentielle (Oulipo), seraient-ils susceptibles d'intéresser la théorie des jeux ? Les cent vingt contraintes d'écriture présentes sur le site de l'Ouvroir sont d'abord destinées à produire des textes. Certes, produire des textes sous contrainte pourra être vu comme un jeu, mais ce sera un jeu en solitaire, sans adversaire humain. La théorie des jeux concerne plusieurs agents, ayant un but précis, disposant d'une certaine quantité d'informations, anticipant sur les réactions adverses, essayant de développer une stratégie optimale. Voyons sur un exemple en quoi la littérature sous contraintes peut se rapprocher de la théorie des jeux.

L'auteur, le texte, le lecteur : trois joueurs

L'étrange et beau roman de Jean Echenoz, *Nous trois*, paru aux éditions de Minuit il y a vingt ans, met en scène un homme, le narrateur et une femme. Les trois échapperont à l'effroyable tremblement de terre qui frappera la ville de Marseille puis s'envoleront dans l'espace. Une lecture attentive montrera pourtant que les trois entités du titre sont en réalité l'auteur, le texte et le lecteur. Ou mieux, l'ensemble des auteurs vivants et morts, l'ensemble des textes écrits ou à écrire, l'ensemble des lecteurs passés, présents et à venir. La théorie des jeux pourrait alors s'appliquer à ces trois agents, tenter d'en dévoiler les attentes, les prévisions, les stratégies respectives. L'auteur veut être lu (et *bien* lu), espère vendre (le plus possible, quoi qu'il en dise), souhaite passer à une certaine postérité, aime avoir un retour sur ses travaux. Le lecteur, lui, cherche à être distrait, étonné, épaté, mais aussi introduit à des mondes qu'il ignorait, sans avoir à dépenser trop de temps, d'argent ou d'énergie (on retrouve la notion de coût). Quant au texte, matière inerte à première vue, il a vocation à pouvoir être lu longtemps, et sous plusieurs latitudes (à l'état de traduction, si nécessaire), à produire de nouveaux sens, à être réinterprété au fil des changements politiques, culturels et sociaux, mais, paradoxalement, sans qu'une seule de ses virgules ne bouge ! Certains textes parviennent à cet Olympe (les « classiques ») ; tous y aspirent, peu sont élus. Peut-être peut-on dire que ceux qui y sont parvenus ont résolu un théorème de théorie des jeux…

Le problème des enchères

Dans le jeu imaginé par le mathématicien américain Martin Shubik, un billet de 1 dollar est à vendre (voir en page 41). La mise à prix est de 1 cent. Toute personne offrant cette somme peut s'approprier le dollar à condition que personne n'en propose plus. Le jeu se déroule selon les règles communes aux enchères, avec une seule exception : la personne qui a proposé l'enchère la plus élevée doit s'en acquitter, mais celle qui a fait la proposition immédiatement inférieure doit également payer. Autrement dit, la première paie son dû et empoche le dollar, la seconde doit faire de même mais ne reçoit rien.

Shubik proposa ce jeu pour la première fois en 1971 et nota, après des expériences sur plusieurs groupes sociaux, que le billet atteignait en moyenne l'enchère de 3 dollars et 40 cents. *Les Aléas de la raison* constitue une introduction idéale à la théorie des jeux, dont l'importance ne cesse de grandir en économie, politique et psychologie.

M. D. R.

Les aléas de la raison.
Laszlo Mérö, Le Seuil, 336 pages, 2000, 21,40 euros.

Les grands thèmes classiques des jeux mathématiques

Les récréations mathématiques et logiques remontent à l'origine des sociétés humaines. Elles se sont transmises de génération en génération, sous forme orale tout d'abord, puis sous forme écrite, avant de diffuser d'une civilisation à l'autre et de devenir un fond commun à l'humanité toute entière, enrichi de siècle en siècle. Albert Einstein lui-même ne possédait-il pas dans sa bibliothèque quelques ouvrages de récréations mathématiques ?
Ce numéro de la Bibliothèque Tangente évoque trente siècles d'histoire de ces énigmes. Si certaines sont de simples devinettes, d'autres touchent à des problèmes toujours non résolus. L'ouvrage répertorie les grands thèmes classiques des jeux mathématiques : énigmes de la logique, jeux de calcul et de lettres, jeux dans lesquels intervient le hasard, énigmes d'arithmétique pure, puzzles géométriques. En outre, au fil de cet inventaire, les portraits des plus grands créateurs et diffuseurs de ces jeux sont esquissés : Bachet de Méziriac, Smullyan, Hofstadter, Carroll, Conway, Fibonacci, Kaprekar...
Après le numéro 74 de *Tangente* (réalisé en commun avec *La Recherche*) et le Hors-série *Jeux math'* de *Pour La Science*, ce livre est indispensable à tous ceux qui s'intéressent aux jeux mathématiques. **M. C.**

Jeux mathématiques.
Bibliothèque Tangente 20,
POLE, 2004,
160 pages, 18 euros.

Les jeux de lutte et de coopération

Les jeux à n joueurs ($n > 2$) peuvent se diviser en trois types. Le premier est celui des jeux où les joueurs se répartissent en deux camps qui luttent l'un contre l'autre. Dans certains de ces jeux, la différence avec les jeux à deux joueurs est simplement due au fait que l'information est répartie entre les joueurs, chaque membre d'un camp n'ayant pas connaissance de toute l'information dont disposent ses coéquipiers. Chaque joueur doit alors essayer de deviner un maximum d'information d'après les coups joués par son ou ses partenaires et ses adversaires. Un exemple représentatif de ce type de jeux est la belote : quatre joueurs sont répartis en deux équipes de deux joueurs se faisant face. Il est bien évidemment défendu que les partenaires échangent de l'information au cours du jeu (à la manière de César, prononçant la fameuse réplique *« Tu me fends le cœur ! »*, dans une partie de manille mémorable). Une bonne connaissance de son partenaire et de ses habitudes peut aider.

Le souffle arthurien des seigneurs de Brocéliande.

Dans le deuxième type de jeux à plus de deux joueurs, il n'y a pas deux camps, mais chaque joueur peut gagner contre tous les autres. En dépit de ce principe, le « chacun pour soi » n'est pas forcément la meilleure stratégie. Celle-ci peut consister au contraire à s'allier, donc à coopérer, au moins temporairement, avec un autre ou des autres joueurs, pour mettre un joueur dangereux (c'est-à-dire susceptible de gagner) hors d'état de pouvoir l'emporter, quitte à se retourner ensuite contre son ou ses alliés. Le mondialement connu Monopoly (Hasbro) est typique du jeu où le « chacun pour soi » est de mise puisqu'il s'agit, par un mimétisme capitaliste non dissimulé, de ruiner ses concurrents par des opérations immobilières. Dans un jeu de plateau tel que Roue Breizh (Terra Mutandis), qui a pour thème la résistance celte face aux « Barbares » du Nord après la chute de Rome, l'originalité réside en revanche dans le principe de *coalitions tournantes*. Les conditions des alliances entre joueurs sont en effet régulièrement renégociées au cours du jeu. Phases coopératives, décisions prises en commun et responsabilités des joueurs à l'égard de toute la communauté sont ainsi au cœur de la stratégie. Le but du jeu reste cependant « égocentrique » : parvenir à être couronné seul et unique roi de Bretagne (*roue Breizh* en breton) !

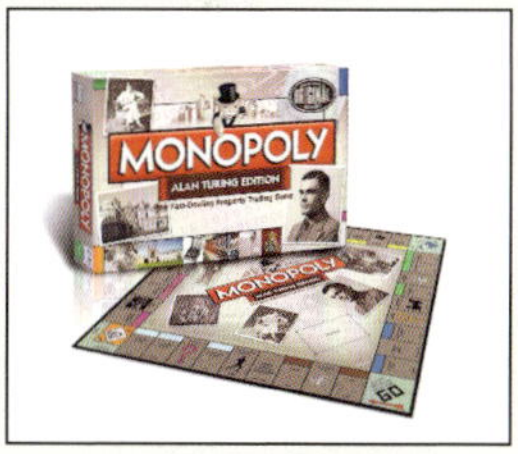

L'édition « Alan Turing » du célèbre jeu de plateau.

Il existe enfin des jeux purement coopératifs, dans lesquels sont favorisés l'esprit d'équipe et d'entraide. Les joueurs ne sont plus alors « en lutte » les uns contre les autres, mais au contraire solidaires dans l'atteinte de l'objectif. Dans le jeu de plateau T'chang (Casse-Noisettes), les joueurs doivent ainsi coopérer afin de sortir vivants d'un tombeau impérial. Ils se retrouvent régulièrement dans des situations où ils ont besoin d'être secourus par les autres. À défaut d'entraide, il est vraisemblable qu'ils resteront prisonniers. La victoire est donc au prix de la solidarité.

L'équilibre de Cournot

La théorie des jeux est utilisée par des décideurs, par exemple en économie, pour étudier des problèmes de concurrence entre firmes ou gouvernements, des conflits entre syndicats et directions, des accords interprofessionnels ou sur des questions d'écologie…

La théorie des jeux s'intéresse à des situations rencontrées lorsque plusieurs décideurs peuvent avoir des objectifs différents, parfois même contradictoires. Elle est ainsi souvent mobilisée en économie pour aider à résoudre des conflits. Dans une étude sur des duopoles, Cournot a défini un équilibre qui est un cas particulier de l'équilibre de Nash, qui sera introduit un siècle plus tard ; cette étude préfigurait donc la théorie des jeux moderne, initiée par von Neuman et Morgenstern.

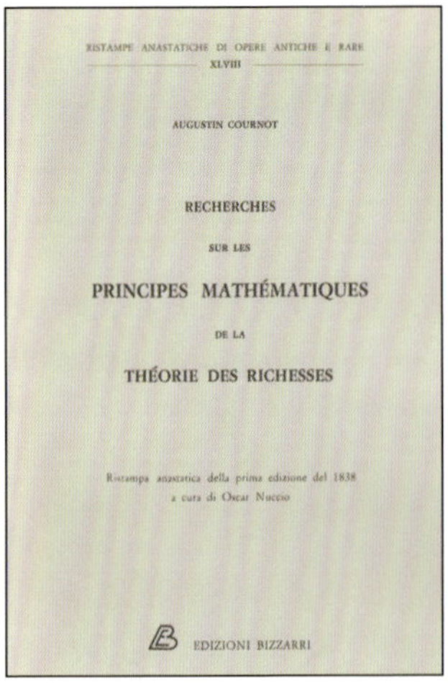
RISTAMPE ANASTATICHE DI OPERE ANTICHE E RARE
XLVIII
AUGUSTIN COURNOT
RECHERCHES
SUR LES
PRINCIPES MATHÉMATIQUES
DE LA
THÉORIE DES RICHESSES
Ristampa anastatica della prima edizione del 1838
a cura di Oscar Nuccio
EDIZIONI BIZZARRI

Les mécanismes du marché

Les économistes s'intéressent aux *marchés*, c'est-à-dire, d'après une définition de Samuelson (lauréat du prix Nobel d'économie en 1970), aux *« mécanismes par lesquels des acheteurs et des vendeurs interagissent pour déterminer le prix et la quantité d'un bien ou d'un service »*. Ils considèrent plusieurs formes d'organisation des marchés, dont les deux extrêmes et probablement les plus connues sont :

- la *concurrence parfaite*, caractérisée par une multitude de producteurs vendant tous un même produit ;
- le *monopole*, où le marché comprend un seul producteur vendant son bien qui n'a pas de véritable substitut.

Mais ces deux types de marché sont théoriques : dans la réalité, la production

Antoine Cournot

Antoine Augustin Cournot (1801–1877), mathématicien de formation, était un grand pédagogue, auteur par exemple d'un cours d'analyse mathématique dans lequel il exposait de façon claire et pratique les fondements de la théorie des fonctions, en insistant sur les motivations et les liens entre les matières présentées. Il est également réputé pour ses travaux en philosophie, spécialement pour ses réflexions sur le hasard. Mais il est surtout connu comme étant le créateur de l'économie mathématique. Ses travaux annonçaient notamment la théorie moderne des prix, l'économétrie et la théorie des jeux.

du bien considéré est généralement écoulée par un petit nombre de vendeurs concurrents, confrontés à une multitude de demandeurs. On parle alors d'*oligopole* ; en particulier, il s'agit d'un *duopole* lorsque l'on dénombre deux offreurs.

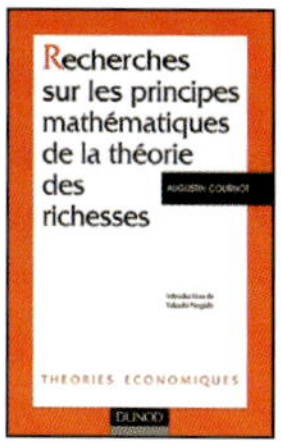

Dans ses ouvrages *Recherches sur les principes mathématiques de la théorie des richesses* (1838) et *Principes de la théorie des richesses* (1863), Cournot s'est intéressé notamment au problème de concurrence au sein d'un duopole. En fait, dans le premier livre, il a présenté un exemple concret, en utilisant un langage assez mathématique. Comme ce livre n'a connu qu'un succès mitigé à l'époque, il a repris la même situation vingt-cinq ans plus tard, mais cette fois dans un langage plus littéraire, et il a justifié sa démarche en ces termes : *« Je m'étais figuré qu'il devait y avoir de l'avantage à appliquer des signes mathématiques à l'expression de rapports et d'idées qui sont certainement du ressort des mathématiques.[…] Je m'étais trompé […] Je voudrais voir aujourd'hui si j'ai péché par le fond des idées ou seulement par la forme : et à cette fin j'ai repris mon travail de 1838 […] en le dépouillant absolument de l'attirail d'algèbre qui effarouche tant en ces matières. »*
Faisons l'analyse du duopole, réalisée par Cournot, en suivant d'assez près sa deuxième version, à savoir la version littéraire. Mais nous n'oublierons pas le traitement mathématique.

Considèrons le marché d'une eau minérale dans une région où se trouvent deux sources différentes, et donc concurrentes, mais produisant des eaux de même qualité. On appelle A et B les deux propriétaires ; ils sont supposés « rationnels » et « intelligents ». On note q_1 et q_2 les quantités mises sur le marché respectivement par A et par B, et q la quantité totale d'eau (soit $q = q_1 + q_2$). On désigne par p le prix (unitaire) de l'eau, qui est le même pour les deux producteurs (car les deux eaux produites sont similaires) ; p est lié à la quantité totale q par ce que l'on appelle la *loi de demande inverse*. Enfin, on pose R_1 et R_2 les revenus de A et de B respectivement. Nous allons considérer deux situations particulières.
a) Dans un premier temps, on suppose que B ne se soucie pas du prix, et que

la quantité q_2 qu'il va livrer est constante. Dans ces conditions, A va mettre sur le marché une quantité q_1 qui rend son revenu le plus grand possible. Bien entendu, la solution optimale q_1 trouvée change si B opte pour une autre quantité q_2 : en fait, la valeur obtenue pour q_1 dépend de la valeur fixée pour q_2, ce qui définit une fonction donnant q_1 par rapport à q_2. Cette fonction est quelquefois appelée la *loi de réaction* pour A.

b) Dans un second temps, on échange les rôles des deux producteurs : à présent, c'est A qui fixe sa quantité q_1 indépendamment du prix et B qui cherche à maximiser son revenu R_2, qui ne dépend donc que de q_2. Par un raisonnement similaire au point précédent, q_2 est donné en fonction de q_1 grâce à une loi de réaction pour B.

Dans la pratique, la solution optimale calculée dans une des deux situations évoquées ci-dessus n'est pas forcément en accord avec la valeur fixée dans l'autre cas ; en réalité, les décisions d'un propriétaire sont influencées par celles de l'autre, et influencent aussi celles de son concurrent ! De la sorte, chacun des propriétaires va être amené à modifier éventuellement son choix optimal, par une succession de tâtonnements, jusqu'à ce que soit atteint un « équilibre », en ce sens que chaque propriétaire maximise alors son revenu en tenant compte de ses anticipations relatives au comportement de son concurrent et les anticipations de chaque producteur concernant le comportement du concurrent se réalisent. Si on assimile les deux propriétaires A et B à des joueurs, on est en présence d'un jeu mathématique. La solution de Cournot est un cas particulier d'un équilibre de Nash dans la théorie des jeux, car aucun des deux propriétaires ne peut alors améliorer son gain (ici son revenu) lorsque la stratégie (dans ce cas, la production) de son adversaire est fixée.

Une présentation mathématique du problème

On peut écrire

$R_i = R_i(q_1, q_2) = q_i f(q_1 + q_2)$,

pour $i = 1$ et 2, où f désigne la loi de demande inverse (qui est généralement supposée décroissante). En ce sens, on a la relation suivante : $p = f(q)$.

Les deux situations a) et b) consistent à maximiser une fonction d'une seule variable. Un théorème relatif aux extrema d'une fonction, dû à Fermat, livre alors

$$\begin{cases} \dfrac{d}{dq_1} R_1 = 0 \Leftrightarrow f(q_1 + q_2) + q_1 f'(q_1 + q_2) = 0 \\ \dfrac{d}{dq_2} R_2 = 0 \Leftrightarrow f(q_1 + q_2) + q_2 f'(q_1 + q_2) = 0 \end{cases}.$$

L'équilibre de Cournot est fourni par les valeurs, notées $\bar{q}_1$ et $\bar{q}_2$, qui vérifient ce système de deux équations ; graphiquement, il correspond, dans le plan des quantités (c'est-à-dire en portant les valeurs de q_1 en abscisses et celles de q_2 en ordonnées), au point d'intersection des deux lois de réaction.

Pour illustrer concrètement ces propos à l'aide d'un exemple simple, admettons que la loi de demande inverse est donnée par l'égalité suivante : $p = \mathrm{K} - q$, où K désigne une constante positive qui vaut la quantité maximale pouvant être demandée (lorsque le prix est nul). Le système formé par les deux équations de réaction est alors le suivant :

$$\begin{cases} \dfrac{d}{dq_1}\left[q_1(\mathrm{K} - q_1 - q_2)\right] = 0 \Leftrightarrow q_1 = \dfrac{\mathrm{K} - q_2}{2} \\ \dfrac{d}{dq_2}\left[q_2(\mathrm{K} - q_1 - q_2)\right] = 0 \Leftrightarrow q_2 = \dfrac{\mathrm{K} - q_1}{2} \end{cases}.$$

La solution est donc donnée par : $\bar{q}_1 = \bar{q}_2 = \mathrm{K}/3$. Ces valeurs sont les coordonnées du point d'intersection des deux droites décrivant les lois de réaction ; elles donnent lieu à ces inégalités (pour des valeurs de q_1 et de q_2 comprises entre 0 et $\mathrm{K}/2$) :

$$\begin{cases} \mathrm{R}_1(q_1, \bar{q}_2) \leq \mathrm{R}_1(\bar{q}_1, \bar{q}_2) \\ \mathrm{R}_2(\bar{q}_1, q_2) \leq \mathrm{R}_2(\bar{q}_1, \bar{q}_2) \end{cases},$$

et on constate bien analytiquement qu'il s'agit bien d'un équilibre de Nash.

Il est possible de montrer géométriquement qu'il s'agit bien d'un équilibre, et que celui-ci est stable. Pour fixer les idées avec un exemple numérique élémentaire, supposons que K = 12 et que, dans une première étape (en fait, la situation a) ci-dessus), le propriétaire B fixe sa quantité constante, égale à $q_2 = 2$. La quantité optimale calculée par A vaut $q_1 = 6 - 1 = 5$; par suite, B va réajuster sa production (situation b) ci-dessus) et mettre sur la marché $q_2 = 6 - 2{,}5 = 3{,}5$. Cette décision va engendrer une nouvelle réaction de A (à nouveau, la situation a)), qui passe cette fois à une production donnée par $q_1 = 6 - 1{,}75 = 4{,}25$, et ainsi de suite, en passant alternativement d'une situation de type a) à une situation de type b). De la sorte, les deux propriétaires sont amenés à changer à tour de rôle leurs décisions, et les quantités produites vont se rapprocher progressivement de

la valeur d'équilibre 4. Notons que si l'on partait de ce point d'équilibre, aucune modification dans les productions ne serait enregistrée.

Les mouvements dans les quantités constatés sur notre exemple peuvent être visualisés graphiquement : partant du point de coordonnées $q_1 = 5$ et $q_2 = 2$, les décisions de A et de B vont se trouver sur un chemin composé d'une succession de segments verticaux puis horizontaux délimités par les deux droites décrivant les réactions, cette ligne polygonale s'approchant (assez vite) du point d'intersection des deux droites en question.

J. B.

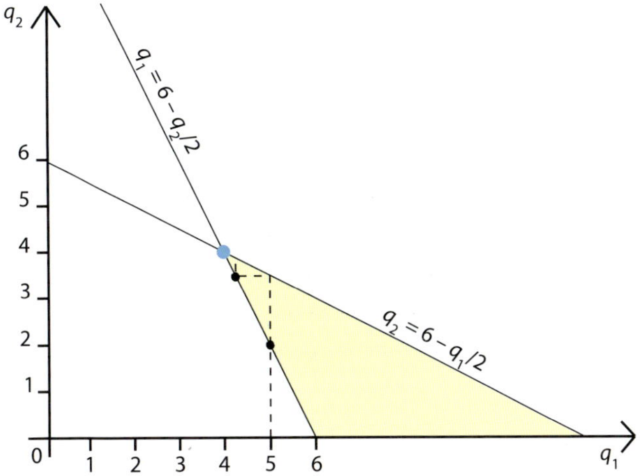

Les approximations successives s'approchent rapidement du point d'intersection des deux droites, qui est le point d'équilibre de Cournot du problème considéré.

À quoi sert la théorie des jeux

L'auteur, qui enseigne les mathématiques et l'économie à l'Université Paris-I, présente ici la théorie des jeux pour un public non mathématicien. Ce livre tente de répondre à la question « *Qu'est-ce que la théorie des jeux et à quoi sert-elle ?* ». Sont successivement abordés les notions d'approche coopérative ou non coopérative, de stratégie dominante, de marchandage en situation d'information complète. L'auteur aborde ensuite des questions plus techniques, mais toujours sans formalisme mathématique : l'équilibre de Nash dans le cas d'une stratégie pure, puis d'une stratégie « mixte » (on affecte chaque choix de la stratégie « pure » d'une probabilité), dans le cas des jeux répétés (jeux finis ou infinis). Un dernier chapitre aborde enfin les jeux à information incomplète, l'équilibre bayésien et le modèle de Cournot avec coups aléatoires. L'essentiel de la théorie apparaît donc dans ce petit livre, sans formules et sans calculs, mais de façon suffisamment claire pour avoir une vue d'ensemble de cette branche des mathématiques qui intervient dans tant de domaines de l'activité humaine. **M. C.**

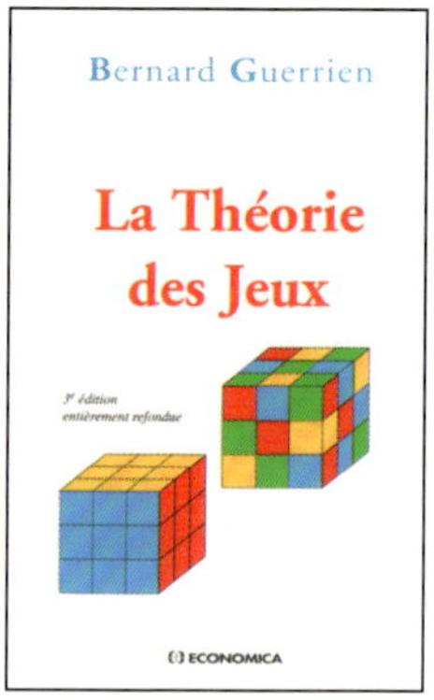

La théorie des jeux
par Bernard Guerrien, Economica, 112 pages, 2002 (1995 pour la première édition), 9,50 euros.

La théorie des jeux en économie

L'auteur de cet ouvrage est chercheur en économie au CNRS. Son livre est davantage orienté vers l'économie et les sciences sociales que vers les jeux proprement dits ou les mathématiques pures. Les notions classiques de la théorie sont exposées : jeux à somme nulle, équilibre de Nash, jeux répétés, jeux coopératifs et non coopératifs, jeux à information incomplète, paradoxe de Condorcet, théorème d'Arrow… Mais on y trouve aussi des résultats théoriques plus récents et moins connus obtenus en théorie des jeux : marchandage et équilibre de Kalaï–Smorodinsky, paradoxe de Sen, modèle de principal-agent, valeur de Shapley d'un jeu…

M. C.

La théorie des jeux
par Gaël Giraud, Flammarion, 410 pages, 2009 (2000 pour la première édition), 10 euros.

Un ouvrage grand public de bonne facture

Le succès de la collection « Le monde est mathématique », destinée au grand public et éditée par RBA, ne se dément pas. Il existe un opuscule, de bonne qualité, sur la théorie des jeux. Le plan est classique : une introduction sur les jeux mathématiques et les mathématiques récréatives, puis un gros chapitre sur les stratégies gagnantes ; un chapitre sur le hasard, une bonne introduction aux probabilités, puis un chapitre sur la théorie des jeux ; et enfin un chapitre sur les applications de la théorie des jeux. Von Neumann est bien sûr omniprésent. Ce livre fera un bon complément à celui que vous avez entre les mains.

J.-J. D.

La théorie des jeux, dilemmes de prisonniers et stratégies dominantes
par Jordi Deolofeu, RBA, « Le monde est mathématique », 140 pages, 2011, 13 euros.

Les probabilités dans la théorie des jeux

L'une des composantes fondamentales de nombreux jeux est le hasard : on lance une pièce ou un dé, on tire une carte, on pioche un jeton. Et qui dit hasard dit probabilités. Mais cette évidence est récente : jusqu'au XVIIe siècle, il ne va pas de soi que l'on peut étudier les composantes aléatoires d'un jeu et en tirer des enseignements ! Aujourd'hui, les mathématiques du hasard ont essaimé dans tous les domaines, des sciences sociales à la finance en passant par les problèmes de décision. Un jeu incarne à lui seul ce succès : le poker.

par Élisabeth Busser

Pascal et Fermat

Entre le mathématicien et magistrat toulousain et le savant génial de Port-Royal, une correspondance a fait date. Elle quantifie pour la première fois les phénomènes aléatoires.

Le calcul des probabilités est né, comme le dira Poisson au XIXe siècle, *« d'un problème relatif aux jeux de hasard proposé à un austère janséniste par un homme du monde »*. Le problème en question a été probablement posé par le chevalier de Méré, assidu des tables de jeu, ou par Damien Mitton, à Pascal : lors d'un jeu de hasard comportant plusieurs parties, comment faire le « parti », c'est-à-dire le partage de la mise, si le jeu doit s'interrompre avant la victoire de l'un des joueurs ?

Pour Pascal, la « règle des partis » se fonde sur un principe simple : l'argent, une fois misé par les joueurs, ne leur appartient plus. Le seul bénéfice qu'ils puissent en attendre est celui que le hasard peut leur donner. L'auteur des *Pensées* propose donc un partage proportionnel à ce que chacun des joueurs est en droit d'espérer de la « fortune » que lui aurait accordé le jeu s'il l'avait poursuivi. Et Pascal d'imaginer « un coup de plus » : *« Quand deux joueurs jouent par exemple, en trois parties, et chacun a mis trente-deux pistoles au jeu : Posons que le premier en ait deux et l'autre une ; ils jouent maintenant une partie [...]. Considérez donc, Monsieur, que si le premier gagne, il lui appartient 64 ; s'il perd, il lui appartient 32. Donc, s'ils ne veulent point hasarder cette partie et se séparer sans la jouer, le premier doit dire :* “ Je suis sûr d'avoir 32 pistoles, car la perte même me les donne ; mais pour les 32 autres, peut-être que je les aurai, peut-être que vous les aurez ; le hasard est égal; partageons donc ces 32 pistoles par la moitié et me donnez, outre cela, mes 32 qui me sont sûres.” »

Le premier aura donc 48 pistoles et l'autre 16. Nous dirions aujourd'hui : les joueurs A et B ont joué trois parties. A en a gagné deux et perdu une. Il faudra au plus cinq parties pour que le jeu soit décisif, c'est-à-dire que l'un des joueurs ait gagné trois fois. Ce que propose Pascal est en fait un partage proportionnel à la probabilité (sans jamais d'ailleurs prononcer ce mot) qu'a chacun de gagner. Celle de A est 3/4. Il emportera donc les 3/4 des 64 pistoles, donc 48, alors que B reste avec les 16 autres.

La critique de Pascal

Fermat, lui, organise ses solutions autour des combinaisons et le fait savoir à Pascal, qui comprend sa méthode sans l'approuver vraiment :

« Voici comment vous procédez quand il y a deux joueurs : si deux joueurs jouant en plusieurs parties, se trouvent en cet état qu'il manque deux parties au premier et trois au second, pour

trouver le parti il faut (dites-vous) voir en combien de parties le jeu sera décidé absolument. Il est aisé de supputer que ce sera en quatre parties, d'où vous concluez qu'il faut voir combien quatre parties se combinent entre deux joueurs et voir combien il y a de combinaisons pour faire gagner le premier et combien pour le second et partager l'argent suivant cette proportion. J'eusse eu peine à entendre ce discours-là, si je ne l'eusse su de moi-même auparavant. »

L'idée de Fermat était pourtant ingénieuse : imaginer que chaque joueur, A ou B, lance quatre fois un dé à deux faces, nommées *a* et *b*. Ces dés peuvent avoir seize *« assiettes différentes »*. Dans le cas, par exemple, où *« il manque au joueur A deux parties pour gagner et au joueur B trois parties »*, Fermat compte *« toutes les faces qui ont deux a »* et feront gagner A. Il en trouve onze, alors qu'il dénombre cinq faces ayant trois *b* et susceptibles de faire gagner B. Cela donne un partage *« comme 11 à 5 »*. En langage d'aujourd'hui, nous dirions que, si la première partie a été jouée et que A l'a gagnée, la probabilité que A gagne est 11/16, celle de B est 5/16, ce qui donne le résultat annoncé par Fermat.

Dans la suite de sa lettre, Pascal critique la méthode de Fermat dans le cas de trois joueurs, et croit qu'elle prête à confusion, parce qu'il l'applique de manière discutable :

« Quand il n'y a que deux joueurs, votre méthode, qui procède par les combinaisons, est très sûre, mais quand il y en a trois, je crois avoir démonstration qu'elle est mal juste, si ce n'est que vous y procédiez de quelque autre manière que je n'entends pas. [...] Si on jette trois dés à la fois (s'il faut jouer trois parties) qui aient chacun trois faces (il y a trois joueurs), l'une marquée a favorable au premier, l'autre b pour le second, l'autre c pour le troisième, il est manifeste que ces trois dés jetés ensemble peuvent s'asseoir sur 27 assiettes différentes, savoir :

- *Ou il ne manque qu'une partie au premier : donc toutes les assiettes où il y a un a seront pour lui : donc il y en a 19.*
- *Il manque deux parties au second : donc toutes les assiettes où il y a deux b sont pouf lui : donc il y en a 7.*
- *Il manque deux parties au troisième : donc toutes les assiettes où il y a deux c sont pour lui : donc il y en a 7. Si de là on concluait qu'il faudrait donner à chacun suivant la proportion de 19, 7, 7, on se tromperait trop grossièrement et je n'ai garde de croire que vous le fassiez ainsi. [...] comme vous n'aviez pas ma méthode quand vous m'avez proposé le parti de plusieurs joueurs, mais seulement celle des combinaisons, je crains que nous ne soyons de sentiments différents sur ce sujet. »*

Pascal joint comme appui à sa lettre un tableau très complet de tous les cas possibles (ci-contre). Il aurait dû en fait ne tenir compte que de la première colonne de son tableau, pour éviter de comptabiliser les cas comme *abb* où il déclare B gagnant alors que A l'est déjà ! Ce problème ne se posait évidemment pas dans le cas de deux joueurs.

Fermat n'a bien sûr pas manqué de mettre en évidence, dans sa lettre du 25 septembre 1654, l'erreur de Pascal. Pascal met fin à leur polémique par sa missive du 27 octobre de la même année, où il reconnaît : *« J'admire votre méthode pour les partis, d'autant mieux que je l'entends fort bien ; elle est entièrement vôtre et n'a rien de commun avec la mienne, et arrive au même but facilement. Voilà notre intelligence rétablie. »*

É.B.

aaa	1		
aab	1		
aac	1		
aba	1		
abb	1	2	
abc	1		
aca	1		
acb	1		
ace	1		3
baa	1		
bab	1	2	
bac	1		
bba	1	2	
bbb		2	
bbc	2		
bca	1		
bcb		2	
bec			3
caa	1		
cab	1		
cac	1		3
cba	1		
cbb		2	
cbc			3
cca	1		3
ccb			3
ccc			3

par Gilles Cohen

Roulette et martingales

La roulette est le plus représentatif des jeux de casino. Elle passe pour l'un des plus équitables, l'avantage du casino ne semblant que peu décisif. Pourtant, c'est aussi à la roulette que sont attachées les légendes les plus marquantes de fortunes perdues ou gagnées.

Le cylindre de la roulette « française » comporte trente-sept alvéoles, représentant le « zéro » (de couleur verte) et les numéros de 1 à 36 (dix-huit sont de couleur rouge, ceux dont la somme des chiffres est impaire, et dix-huit de couleur noire, ceux dont la somme des chiffres est paire, avec la double exception, du 10 – noir – et du 19 – rouge –). Lors d'un coup, la bille s'immobilise dans une des trente-sept alvéoles (avec la même probabilité), et les joueurs qui ont parié sur le numéro sortant, en « plein » ou en partage avec d'autres numéros, gagnent une somme d'argent fonction de leur mise.

Il n'existe aucune martingale qui accroisse votre espérance de gain.

Avantage apparent aux chances simples

On peut essentiellement distinguer deux sortes de paris. Les premiers portent sur les chances « simple » : pair ou impair, rouge ou noir, passe (plus grand que 18) ou manque (entre 1 et 18). Le joueur qui a misé sur une chance simple double sa mise en cas de réussite, la perd dans le cas contraire. Si le zéro sort (on remarque que zéro n'est pas considéré comme un nombre pair), la mise est « emprisonnée » : elle sera restituée au coup suivant en cas de succès de la chance simple jouée, perdue sinon.

Supposons que vous jouiez un euro sur une chance simple, par exemple « pair ». La grandeur mathématique qui indiquera si vous êtes ou non favorisé par rapport au casino est l'espérance de gain. C'est la moyenne des gains

lors des différentes éventualités, pondérée par la probabilité de ces éventualité.

Ainsi, trois événements sont possibles :

- Un nombre pair sort (probabilité 18 / 37) et vous gagnez 1 euro ;
- Un nombre impair sort (probabilité 18 / 37) et vous perdez 1 euro (vous gagnez –1 euro) ;
- Le zéro sort (probabilité 1 / 37). Tout dépend du coup suivant : un nombre pair sort (avec probabilité 18 / 37) et vous ne gagnez (ni ne perdez) rien, ou, dans le cas contraire (avec probabilité 19 / 37), vous perdez votre euro. Mais, les deux tirages étant indépendants, les probabilités se multiplient. Autrement dit, vous avez dix-huit chances sur trois cent soixante-douze de récupérer votre mise, et dix-neuf de perdre 1 euro. Finalement, votre espérance de gain E seraégale à :

$$E = +1 \times \frac{18}{37} - 1 \times \frac{18}{37} + 0 \times \frac{18}{37^2} - 1 \times \frac{19}{37^2}.$$

Il reste une espérance de $-1 \times \dfrac{19}{37^2}$ (environ – 0,0139 euro).

Votre espérance de gain est strictement négative ; cela signifie que vous êtes défavorisé par rapport à la banque, mais que le « prélèvement moyen » du casino n'est « que » de 1,39 % des masses que vous misez. C'est la loi des grands nombres. Soyez heureux, c'est par exemple très inférieur au prélèvement de la Française des jeux pour n'importe lequel de ses jeux.

Si vous jouez sur d'autres chances que simples, le « bonus » de l'emprisonnement des mises en cas de sortie du zéro disparaît. Votre espérance de gain, toujours pour 1 euro joué, est alors de –1 / 37, soit un prelèvement moyen, cette fois, de 2,70 %. Jouer les chances simples à la roulette est donc *a priori* la méthode de jeu la moins perdante.

CASINO [kasino], ***n. m.*** **(1740, de l'italien *casino*, « maison de jeux »). Établissement de plaisir, de spectacle, où les jeux d'argent sont autorisés.** ***Casino d'une station thermale, d'une ville d'eau. La salle des jeux, le dancing, le bar, le théâtre d'un casino.***

Jouer le tout pour le tout

Les choses ne sont pourtant pas si simples…

Supposons que vous partiez avec 20 euros, en décidant de vous arrêter dès que vous gagnez 20 euros (ou que vous les perdez). Sage résolution ! C'est en effet en se fixant un objectif de ce type qu'on optimise ses chances de ne pas être ruiné. Pour faire « durer le plaisir », et par prudence (croyez-vous), vous allez jouer toute la soirée par mises de 1 euro… En étant raisonnablement chanceux, vous allez gagner et perdre quelques dizaines de fois, disons… deux cents fois. Au bout du compte, vous aurez joué 200 euros, ce qui, compte tenu du prélèvement du casino, vous prive en moyenne de près de 3 euros, qui risquent bien de manquer quand des séries de pertes vous rapprocheront de la ruine !

Vous l'avez compris, la meilleure stratégie, c'est de risquer vos 20 euros au premier coup, puis, quel que soit le résultat, de quitter le casino. Pas très compatible avec le plaisir de jouer !

L'illusion des martingales

Alors vous serez tenté de jouer sur un autre registre, intellectuellement satisfaisant, d'ailleurs, celui du montant des mises. Car, ne maîtrisant rien à la trajectoire de la bille dans le cylindre, vous pouvez imaginer exploiter votre intelligence en choisissant convenablement votre niveau de mise en fonction de l'historique de votre jeu. C'est le principe des martingales, déjà testé par nombre de mathématiciens, qui sont tous arrivés à la même conclusion : il n'existe aucune martingale qui accroisse votre espérance de gain.

Le principe est pourtant séduisant, voire grisant quand il est suivi d'un début de réussite. Voyons sur quelques exemples. La martingale la plus connue est la *montante géométrique*.

Vous misez 1 euro. Si vous gagnez, vous recommencez à miser 1 euro. Si vous perdez, vous en misez 2, si vous perdez 4…

La suite des mises obéit donc à une suite géométrique en cas de pertes consécutives.

Comme vous finirez bien par gagner, disons… au énième coup, le bilan est simple à faire : vous avez perdu successivement 1, 2, 4, 8… 2^{n-1} euros, puis vous avez gagné 2^n euros. Il vous reste… 1 euro de gain. Vous recommencez à miser 1 euro, et ainsi de suite…

L'obstacle, vous l'avez identifié, bien sûr : c'est le maximum de jeu autorisé par le casino (ou autorisé par votre compte en banque), qui limite le nombre de pertes successives à un entier N. Votre probabilité de perdre plus de N fois de suite est très faible, bien sûr, mais regardez ce que cela vous coûterait en regard du malheureux petit euro enjeu de votre montante ! Beaucoup de joueurs, grisés par l'illusion de cette méthode « infaillible », y ont perdu des fortunes.

Une autre martingale, intéressante à citer tout simplement parce qu'elle a été étudiée par un célèbre mathématicien, est la *montante de d'Alembert*. L'idée est de partir d'une mise moyenne, par exemple 5 euros. À chaque gain, on diminue d'une unité le montant de la mise ; à chaque perte, on l'augmente d'une unité. Les lecteurs sont invités à faire quelques simulations : ils s'apercevront que le risque de dépasser le plafond est assez mince, mais que l'espérance de gain, naturellement, reste négative quoi qu'il advienne.

G. C.

Les plus vieux jeux connus

Le jeu royal d'Ur.

Un jeu de senet, au musée du Cinquantenaire.

Les jeux connus les plus anciens sont le *senet*, jeu égyptien datant de –3 000, et le *jeu royal d'Ur*, jeu sumérien datant de –2 600 environ, dont les règles sont mal connues, leurs premières traces datant de –177.
Le senet possède de nombreuses variantes, et est un ancêtre lointain du tric-trac. Dans la variante la plus connue, le jeu se déroule sur un plateau de trente cases (10 par 3) et nécessite cinq pions blancs, placés au départ sur les cases 1, 3, 5, 7, 9, et cinq pions noirs, placés sur les cases 2, 4, 6, 8, 10.
Pour faire avancer ses pions au-delà de la case 30 et gagner la partie, on utilise quatre pièces de monnaie (historiquement, il s'agissait de bâtonnets hémisphériques). Chaque joueur à son tour peut avancer un pion d'un nombre de cases lié au nombre de « faces » qu'il obtient en lançant les quatre pièces :
(1F, 1) (2F, 2), (3F, 3), (4F, 4), (0F, 6). De plus, les nombres 1, 4 et 6 permettent de rejouer. Un pion peut sauter au-dessus d'un ou plusieurs autres pions.
Le premier joueur est celui qui obtient en premier 1F, il prend alors les noirs et avance de la case 10 vers la 11. L'autre joueur commence par déplacer le pion situé en case 9. Ensuite, chaque joueur peut déplacer le pion de son choix.
Un pion peut être déplacé sur une case occupée par un pion adverse, qui doit alors reculer à la place qui était occupée par son assaillant, il ne peut pas se superposer à un pion de sa couleur. Ceci n'est pas possible sur les cases 26 à 30, qui sont des refuges, la case 27 faisant recommencer à 1 (ou la première case non occupée).

1	2	3	4	5	6	7	8	9	10
20	19	18	17	16	15	14	13	12	11
21	22	23	24	25	26	27	28	29	30

Trois pions de même couleur placés sur des cases successives forment un mur et empêchent les pions adverses de passer. Si un joueur ne peut pas avancer, il doit reculer, si c'est possible, du nombre de cases indiqué.
Lorsque tous les pions d'un joueur sont sur la dernière ligne (cases 21 à 30), et uniquement dans ce cas-là, il peut retirer successivement les pions situés exactement sur la case 30.
Le joueur qui a sorti tous ses pions gagne. Une façon de compter les points est de compter un point par pion situé sur les cases 21 à 30, deux points par pion situé sur les cases 11 à 20, et trois points par pion situé sur les cases 1 à 10.

par Benoît Rittaud

Peut-on faire fortune au casino ?

Qui n'en a pas rêvé ? Arriver avec quelques sous en poche, jouer quelques coups et repartir avec une petite (ou une grosse) fortune dans les mains. Mais il y a un hic : le risque d'être contraint de cesser le jeu pour cause de ruine.

La plupart des jeux de hasard du casino sont relativement équitables, c'est-à-dire qu'à peu de choses près, lorsqu'on mise 1 euro dans un jeu où l'on a une chance sur vingt (par exemple) de gagner, alors, en cas de gain, on remporte vingt fois sa mise. Cette symétrie, hâtivement considérée, pourrait laisser penser qu'il n'y a pas plus de chance de finir la soirée ruiné que millionnaire. Comment expliquer alors la prospérité jamais démentie des établissements de jeu ? Une analyse probabiliste de la situation permet de répondre au problème.

Le modèle le plus simple

Dans sa version la plus simple, un jeu de hasard équitable consiste à lancer une pièce de monnaie : si la pièce tombe sur pile, le joueur perd 1 euro ; si elle tombe sur face, il gagne 1 euro. On peut alors représenter l'évolution de la fortune du joueur au fil des parties par le dessin suivant, dans lequel le joueur part avec une somme initiale de S euros. On obtient ce que nous appellerons une *trajectoire*.

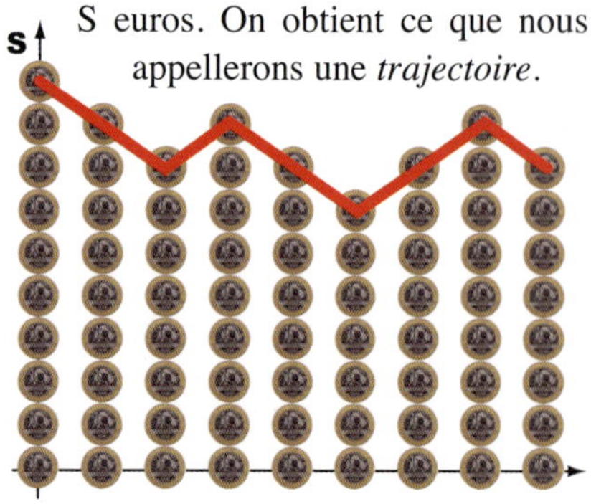

Gagner, perdre… ou rester

Dans l'exemple précédent, le joueur a perdu les deux premières parties, a gagné la suivante, a perdu à nouveau, puis gagné deux fois, *etc.* On peut alors imaginer trois issues à la soirée que passe le joueur :

Le casino prend peu de risques à jouer contre des joueurs beaucoup moins riches que lui.

Table de roulette, illustration de Rosby DeMoss.

• soit il finit par être ruiné ;
• soit il décroche le gros lot, correspondant à une somme L (la somme maximale dont peut disposer le casino) ;
• soit il oscille entre sa propre ruine et celle du casino, sans jamais atteindre l'une ou l'autre.

Un exemple de chacune de ces possibilités est représenté par les trajectoires ci-dessous.

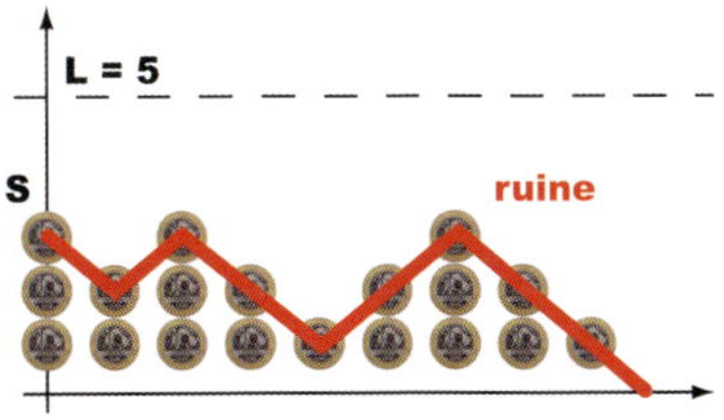

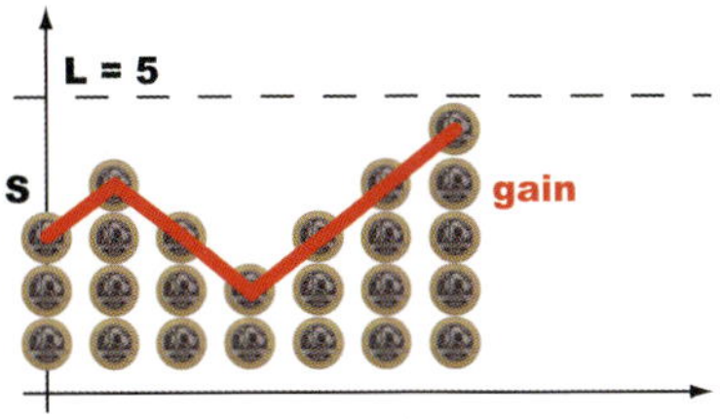

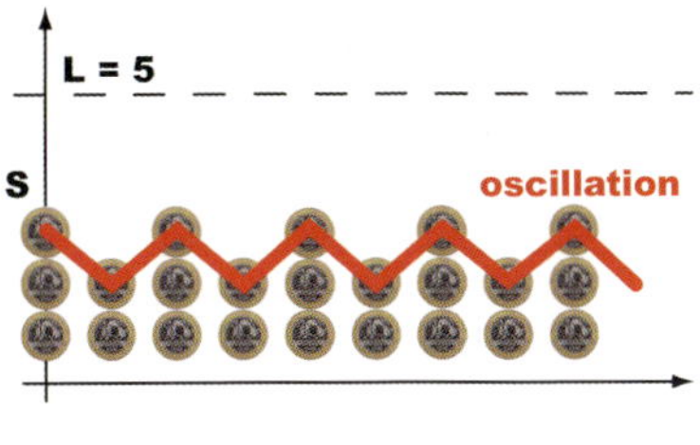

Le tout consiste donc à savoir quelle est la probabilité de chacune de ces trois issues. D'emblée, le simple fait de constater que le joueur part d'une somme S qui n'est pas nécessairement à mi-chemin entre la ruine et le gros lot (S n'est pas nécessairement égal à L / 2) fournit une première conclusion : le fait que le jeu soit équitable n'est pas suffisant pour en déduire que le joueur a autant de chances de finir la soirée ruiné que millionnaire. L'asymétrie de la situation initiale fait que le casino prend en réalité peu de risques à affronter un joueur beaucoup moins riche que lui au départ.

La symétrie du qui perd gagne

Au-delà de cette constatation qualitative, on peut donner des estimations quantitatives permettant au joueur de déterminer une stratégie qui limite ses risques. Une première remarque est que, si le joueur décide de s'arrêter de jouer soit lorsqu'il est ruiné soit lorsqu'il a atteint la somme 2S, alors il a exactement autant de chances d'être ruiné que de finir la soirée deux fois plus riche. Point n'est besoin d'utiliser

Rudiments de théorie des probabilités appliqués au calcul de p_S

Calculer la probabilité d'une éventualité se calcule souvent en décomposant l'éventualité en question en plusieurs morceaux disjoints, dont il est plus simple de calculer les probabilités. Une fois celles-ci connues, il suffit d'en faire la somme pour obtenir la probabilité de l'éventualité initialement considérée. Dans le cas de p_S (probabilité que le jeu se poursuive indéfiniment à partir de la situation S), on décompose l'évènement « le joueur part de S et n'atteint jamais ni 0 ni L » en deux morceaux séparés :

- A : « le joueur part de S, n'atteint jamais ni 0 ni L et perd la première partie »,
- B : « le joueur part de S, n'atteint jamais ni 0 ni L et gagne la première partie ».

Pour calculer la probabilité du morceau A (l'autre se traitant de la même façon), on considère que le résultat de la première partie n'influence en rien les résultats possibles des parties suivantes (c'est là une hypothèse dite d'*indépendance*). Dans ce cadre, la probabilité cherchée s'obtient en multipliant la probabilité de perdre la première partie (1 / 2) par celle d'osciller entre 0 et L partant de la somme S − 1 au début de la seconde partie (égale à p_{S-1}). On obtient donc $(1/2)p_{S-1}$, qu'il ne reste qu'à ajouter à $(1/2)p_{S+1}$ (la probabilité de B) pour obtenir une expression de p_S.

de théorie compliquée pour obtenir ce résultat : il suffit de remarquer qu'à chaque trajectoire conduisant à la ruine correspond une trajectoire symétrique conduisant, elle, à la somme 2S.

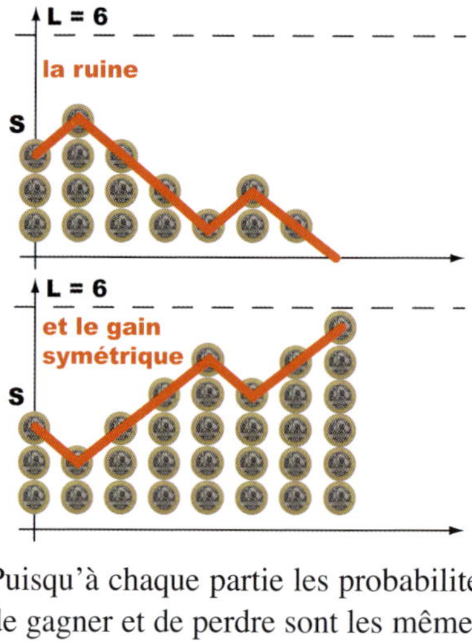

Puisqu'à chaque partie les probabilités de gagner et de perdre sont les mêmes, chaque trajectoire a autant de chance qu'une autre d'être celle suivie par le joueur. Et comme à chaque trajectoire de ruine correspond une trajectoire de doublement de la fortune, il vient que les deux issues ont bien même probabilité. Signalons toutefois que ce raisonnement n'est plus valable pour d'autres jeux, comme par exemple celui dans lequel on jette un dé et où l'on gagne six fois sa mise si le dé tombe sur 6 et où on la perd sinon : bien que tout aussi équilibré que notre jeu de pile ou face en termes de moyenne de gains, les trajectoires induites par ce jeu ne peuvent pas être symétrisées de la même manière.

Revenons à la situation du pile ou face. Même dans le cas où S = L / 2, le fait que le joueur ait autant de chances de finir ruiné que deux fois plus riche n'est pas suffisant pour connaître la valeur de la probabilité commune à ces deux issues, en raison du fait qu'une troisième possibilité est envisageable : celle dans laquelle la fortune du joueur n'oscille jamais suffisamment pour déboucher sur l'une des deux issues attendues. Cette possibilité est, d'une certaine manière, celle qui peut séduire le plus un joueur, qui a ainsi le plaisir de jouer indéfiniment. Quelle est la probabilité que cette dernière éventualité se produise ? Pour le savoir, nous n'allons pas faire le calcul directement mais passer par une construction intermédiaire extrêmement performante pour ce problème : celle de suite numérique.

La probabilité de jouer éternellement

On suppose fixée une fois pour toutes la valeur L qui, si elle est atteinte par le joueur, fait cesser le jeu. Si le joueur commence avec une somme S, alors on note p_S la probabilité que la fortune du joueur au fil du temps oscille *ad vitam æternam* entre 0 et L, sans jamais atteindre ces deux valeurs. Une trajectoire vérifiant cette propriété quelque peu frileuse peut commencer de deux manières : soit le joueur gagne la première partie, soit il la perd.. S'il la gagne, alors la suite de la trajectoire peut s'envisager, à l'aide d'une simple translation, comme une trajectoire d'un joueur parti de la somme initiale S + 1 et n'atteignant lui non plus jamais la valeur 0 ni la valeur L. Par définition, la probabilité d'une telle trajectoire est p_{S+1}.

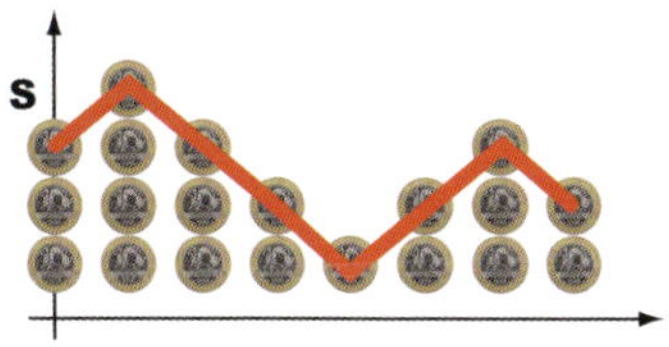

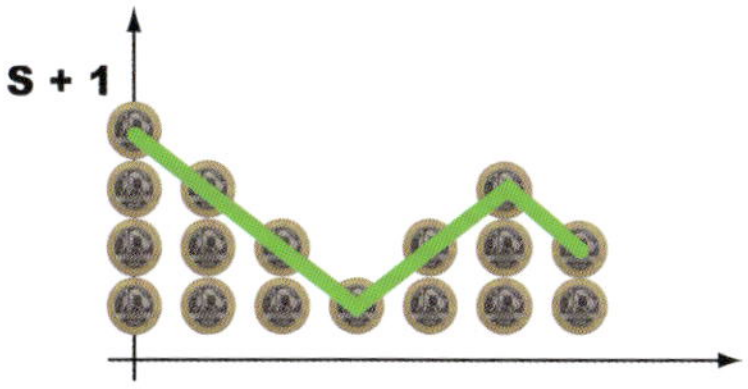

De la même manière, la trajectoire suivie par la fortune d'un joueur parti d'une somme S et perdant la première partie peut se décaler sur la gauche pour être assimilée, le premier échec mis à part, à une trajectoire partie de S − 1, qui a une probabilité p_{S-1} de n'atteindre ni 0 ni L.

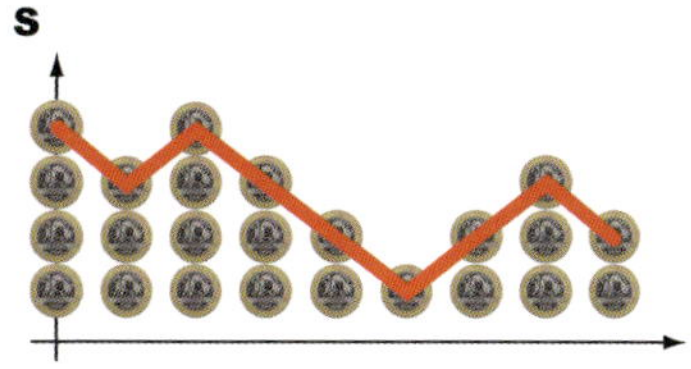

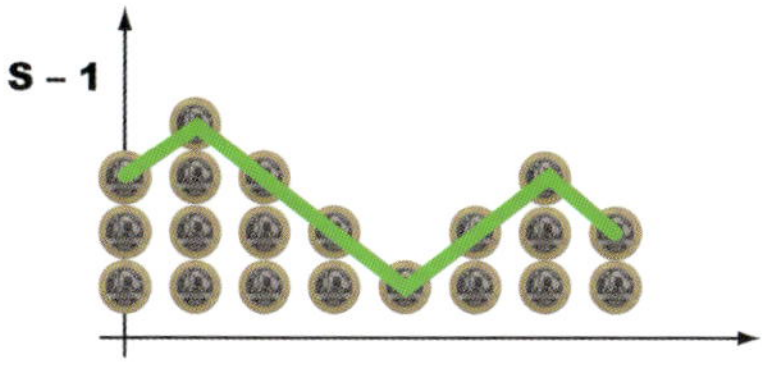

Il convient à présent de synthétiser le raisonnement précédent pour disposer d'une formule quantitative à partir de laquelle on pourra calculer la probabilité p_S. Les principes de base de la théorie des probabilités (voir en encadré) permettent d'obtenir la formule suivante :

$$p_S = \frac{1}{2}p_{S-1} + \frac{1}{2}p_{S+1}.$$

À présent, tout est en place pour la résolution du problème. On tire de la formule précédente la relation suivante :

$$p_{S+1} - p_S = p_S - p_{S-1}.$$

Cette relation montre que, si l'on écrit à la suite les valeurs p_S, p_{S+1}, p_{S+2}, p_{S+3}..., alors l'écart entre deux nombres consécutifs ainsi disposés est toujours le même (elles forment une suite arithmétique), et il faut bien dire qu'il est assez inattendu de tomber sur

Un calcul de q_S à l'aide de l'espérance

Une autre grandeur caractéristique des probabilités, l'espérance mathématique, permet de calculer aisément la probabilité q_S que le joueur parti de la somme S atteigne la somme L. L'espérance mathématique est la moyenne des gains ou pertes pondérés par leur probabilité. La probabilité que le jeu se prolonge indéfiniment étant nulle, le joueur sera ruiné avec la probabilité $1 - q_S$. L'espérance mathématique E du joueur partant avec la somme S sera donc $E = (L - S)\, q_S - S\,(1 - q_S)$. Le jeu étant équitable, cette espérance est nulle. On en tire $q_S = S / L$.

une suite dont la forme est aussi simple. Lorsque l'on sait que l'on a affaire à une suite arithmétique, il n'est pas difficile de déterminer la valeur de p_S uniquement en fonction de celle de S plutôt qu'en fonction de celle de p_{S-1} et p_{S+1} (voir en encadré). Pour notre suite arithmétique, il existe deux nombres a et b tels que, quel que soit S (entre 0 et L, tout de même), la valeur p_S s'exprime sous la forme $p_S = a\text{S} + b$.

Reste encore à déterminer les valeurs des paramètres a et b qui rendent la formule précédente numériquement exacte. Pour cela, nous allons faire deux constatations, qui vont chacune nous permettre de déterminer un paramètre. La première est qu'un joueur qui part avec une fortune nulle au départ a une probabilité nulle d'osciller strictement entre 0 et L, puisqu'il est ruiné dès le départ ! En conséquence, on peut écrire $p_0 = 0$, ce qui, dans la formule $p_S = a\text{S} + b$, implique que $b = 0$. L'expression générale de p_S prend donc la forme $p_S = a\text{S}$, et il ne reste plus qu'à trouver a. La seconde constatation est symétrique de la première, à savoir : un joueur qui part avec une somme initiale égale à L ne peut pas non plus suivre une trajectoire n'atteignant ni 0 ni L, et donc on a que $p_L = 0$. Ainsi, $a\text{L} = 0$ et, puisqu'on suppose naturellement que la somme plafond L n'est pas égale à 0, on a $a = 0$, ce qui conduit à l'étrange conclusion que $p_S = 0$ pour toute valeur de S.

Les suites arithmétiques

Quel est le point commun entre les suites de nombres suivantes :
1–2–3–4–5–6–7...,
5–7–9–11–13–15... et
29–24–19–14–9... ?
Facile : pour chacune de ces trois suites, chaque terme s'obtient en ajoutant (ou en retranchant) toujours une même valeur au terme précédent. Ce genre de suite s'appelle une *suite arithmétique* (on parlait jadis de *progression arithmétique*).
Une suite arithmétique est donc définie par deux paramètres :
- le nombre que l'on ajoute (éventuellement négatif) à chaque étape, appelé la *raison* de la suite (nous la noterons b) ;
- le terme initial a (1, 5 et 29 dans chacun de nos exemples).

Les termes suivants de la suite s'obtiennent simplement : $a + b$, $(a + b) + b$ soit $a + 2b$... Plus généralement, si le terme initial est numéroté 0, alors la valeur du énième terme de la suite arithmétique est $a + nb$.

Improbable n'est pas impossible

Qu'est-ce à dire ? Dans le langage courant, une probabilité égale à zéro correspond à une impossibilité : quand un évènement n'a « aucune chance » d'arriver, cela revient à lui nier toute possibilité de se réaliser. Ici en revanche la situation est différente : il est clair que des trajectoires qui n'atteignent ni 0 ni L, il en existe, ne serait-ce que celle dans laquelle le joueur gagne et perd alternativement chacune des parties successives. Il en existe même beaucoup d'autres : un peu de réflexion permet même d'en exhiber une infinité. Et toutes ces trajectoires, chacune bel et bien possible, compteraient pour quantité négligeable ?

Du point de vue probabiliste, la réponse est oui : il faut faire la distinction entre évènement impossible et évènement de probabilité nulle, et c'est là un obstacle psychologique réel qu'on est obligé de dépasser quand on étudie la théorie moderne des probabilités.

Bref, même s'il n'est pas impossible qu'un joueur oscille perpétuellement entre 0 et L, il n'y a pas un kopeck à parier sur cette éventualité. Restent les deux autres, à savoir que le joueur finisse ruiné ou avec la somme L. Nous avons indiqué plus haut pourquoi, dans le cas où L = 2S, ces deux possibilités avaient même probabilité. Avec ce que nous savons de la troisième possibilité, nous pouvons déduire que la probabilité de finir ruiné est de 1 / 2, tout comme celle de finir avec la somme L.

Un résultat particulièrement simple

Lorsque L n'est pas nécessairement égal à 2S, le raisonnement est moins immédiat, mais le travail mené précédemment va nous éviter de longs efforts. Notons en effet q_S la probabilité qu'un joueur parti de la somme S atteigne la somme L (sans jamais être auparavant passé par la valeur 0). Le même raisonnement que pour les p_S peut alors s'appliquer : un joueur qui atteint à la somme L en partant d'une mise initiale S peut gagner la première partie ou la perdre. Dans le premier cas, la trajectoire suivie après ce premier succès s'identifie à une trajectoire conduisant à la somme S en partant d'une somme initiale S + 1, un tel type de trajectoire ayant une probabilité q_{S+1} de se réaliser, et ainsi de suite. C'est ainsi que, un peu curieusement, la formule à laquelle on aboutit pour les q_S est exactement la même que celle pour les p_S :

$$q_S = \frac{1}{2} q_{S-1} + \frac{1}{2} q_{S+1}.$$

Curieux, le résultat l'est certes un peu, dans la mesure où pour les p_S nous étions parvenus à des probabilités nulles. Mais le parallélisme des formules obtenues s'arrête là. On a certes $q_S = a\text{S} + b$ pour certaines valeurs de a et b à déterminer ; la valeur q_0 est bien nulle, ce qui entraîne aussi $q_S = a\text{S}$, mais la valeur q_L est, quant à elle, égale à 1 (et non pas à 0 comme pour p_L). On a donc $1 = a\text{L}$, soit $a = 1 / \text{L}$, d'où la conclusion :

La probabilité d'atteindre la somme L partant d'une somme initiale S est égale au rapport S / L.

De manière symétrique, la probabilité de ruine est égale au rapport (L − S) / L.
L'extrême simplicité de la formule (qui peut être obtenue d'une autre manière, comme l'explique le texte en encadré) est tout à fait remarquable. Notons pour finir que l'étude précédente pourrait se généraliser à des jeux plus généraux, dans lesquels la probabilité de gain n'est pas la même que celle de perte. Toutefois, les suites qui se déduisent d'une telle situation asymétrique ne sont plus arithmétiques.

Au-delà de la conclusion obtenue (une stratégie qui décide d'un temps d'arrêt une fois une certaine somme atteinte limite le risque de ruine), le matériau théorique ici mis en place, complété par d'autres objets de la théorie des probabilités, permet aussi d'éclairer le joueur sur l'allure qualitative que prend la trajectoire qu'il suit. En particulier, on peut savoir combien de temps en moyenne la stratégie du temps d'arrêt lui permettra de jouer.
Cependant, il est bien clair que tout cela, même mathématiquement établi, n'est un secours que très théorique à la maladie du jeu : le fait pour un joueur de jouer sans s'arrêter est sans doute moins souvent dû à une méconnaissance des probabilités qu'à une forme de pathologie plus ou moins grave, contre laquelle il est illusoire de penser que les mathématiques seront un jour un remède réellement efficace.

B. R.

Le théorème de la ruine certaine

Vous finirez ruiné(e) si vous jouez à un jeu équitable face à un adversaire plus riche que vous : c'est la loi de la ruine certaine. Le jeu et le mouvement brownien sont reliés, par le merveilleux théorème de Kakutani, aux fonctions harmoniques et à la distribution de la chaleur dans un corps.

Au jeu de pile ou face, vous êtes presque certain de perdre si votre adversaire est plus riche que vous. Si vous ne pouvez miser que la somme de N euros, avec des mises de 1 euro, et que votre adversaire a la somme M, la probabilité que vous soyez ruiné avant lui est égale à $M/(M+N)$. Quand M est beaucoup plus grand que N, la probabilité approche 1, la certitude.

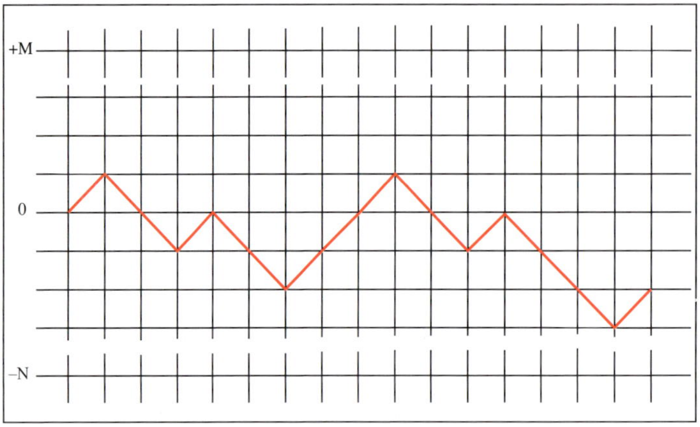

Les résultats du jeu de pile ou face est un exemple de mouvement brownien.

C'est pour cette raison que, même si vous jouez à un jeu équitable contre le casino, celui-ci est plus argenté que vous… et vous perdez. Les casinos se sont inquiétés de ce danger quand les émirs arabes sont venus jouer, car les émirs étaient plus riches qu'eux. Heureusement (pour les casinos !), les jeux comme la roulette ou le Blackjack ne sont pas équitables… Pour démontrer cette « loi de la ruine certaine », nous allons faire un détour par le mouvement brownien et la théorie de la chaleur. Le voyage en vaut la peine.

Le mouvement brownien

Le mouvement brownien peut être vu comme une généralisation du jeu de pile ou face. Représentons les résultats du jeu de pile ou face par le mouvement d'une particule ponctuelle sur un quadrillage, la particule s'élevant en diagonale d'une unité lors un tirage favorable à un des joueurs (pile par exemple) et descendant en diagonale d'une unité pour un tirage défavorable (face) à ce même joueur. Les variations de fortune d'un joueur sont représentées par une ligne en zig zag, la *trajectoire* de la particule.

Dans un mouvement brownien, une vraie particule se déplace dans l'espace. Quand la particule a atteint un point, elle repart en tirant au hasard à la fois sa direction de déplacement (de façon *isotrope*, c'est-à-dire uniformément selon toutes les directions possibles) et la valeur de son déplacement (selon une distribution de Gauss). La trajectoire d'une particule est une courbe (de type fractale), continue, mais « pleine de points anguleux ». Le mathématicien allemand Johann Peter Gustav Lejeunc Dirichlet (1805–1859) posa le problème de la valeur d'une fonction dans un corps physique, compte tenu de conditions aux limites (par exemple la forme d'une membrane tendue sur une armature en fil de fer selon une courbe gauche, ou la répartition de température à l'équilibre dans un solide dont les températures en surface sont connues). Les fonctions qui régissent ces équilibres sont des fonctions harmoniques dont la valeur en chaque point est égale à la moyenne des valeurs prises en deux points (en dimension 1), sur un cercle (en dimension 2), ou sur une sphère (en dimension 3). Ces fonctions harmoniques f satisfont l'équation de Poisson $\Delta f = g$, où g est la valeur d'une fonction donnée « en surface ».
Dans le cas du corps dont les températures en surface sont connues, nous allons calculer la température en un point P quelconque en utilisant le théorème de Kakutani.
Le mode opératoire est le suivant. Nous lançons une particule du point P selon les prescriptions du mouvement brownien, jusqu'à ce que la particule rencontre la surface en un point Q (de façon quasi certaine, c'est-à-dire avec une probabilité égale à 1). Nous notons la température au point Q. Nous recommençons l'expérience et calculons la moyenne des températures mesurées aux différents points Q où la particule heurte la surface. Cette moyenne est la température en P. Ainsi, le mouvement brownien nous permet de calculer les valeurs de la fonction harmonique, solution du problème. Étrangement, le mouvement brownien permet de calculer la solution à un problème de fonction harmonique, lequel ne faisait en aucune façon intervenir le hasard...

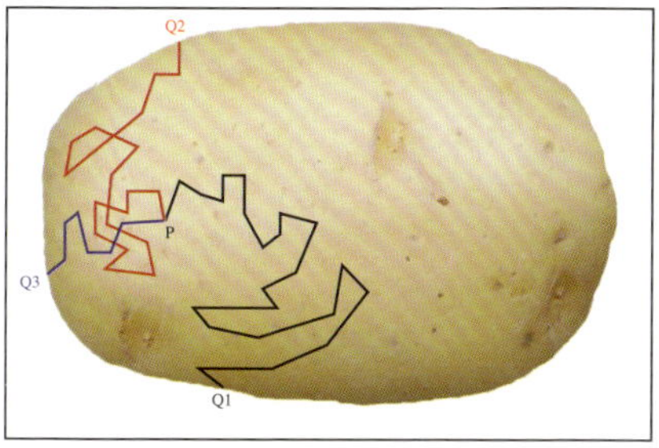

La température au point P à l'intérieur du corps est la moyenne de toutes les températures mesurées à la surface en Q1, Q2, Q3..., points d'intersection avec la surface des mouvements browniens partant de P.

Shizuo Kakutani (1911–2004) a vécu la plus grande partie de sa vie aux États-Unis. Il est célèbre pour sa méthode de résolution des équations de Poisson par une méthode probabiliste, objet de cet article.

La ruine certaine

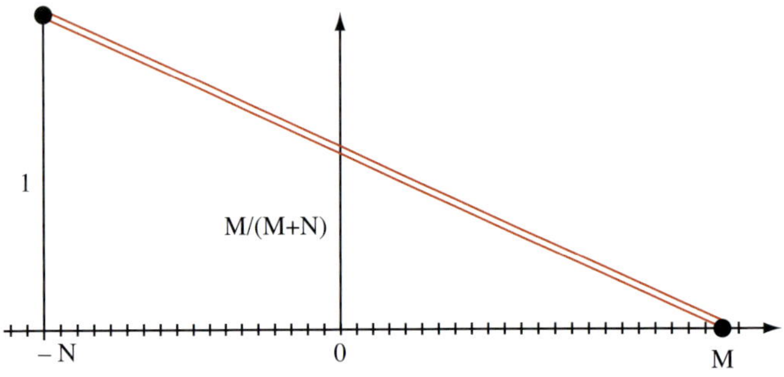

La probabilité qu'à pile ou face le joueur qui a *N* euros au départ perde toute sa fortune est égale à *M* / (*M* + *N*), où *M* est la fortune de l'autre joueur.

Voyons maintenant comment la théorie des fonctions harmoniques permet de trouver la solution de notre problème de la ruine certaine à pile ou face, qui est un avatar du mouvement brownien.

Un joueur nommé François riche de *N* euros joue à pile ou face contre Jean-Jacques, qui a *M* euros. François et Jean-Jacques jouent 1 euro à chaque partie, jusqu'à ce que l'un d'eux ait tout perdu. Supposons maintenant que vous jouiez en ennemi de François et que vous gagniez un euro quand François perd toute sa fortune. Selon l'interprétation brownienne, la particule représentant les gains de François part de l'origine, et la probabilité de ruine de François est égale à la probabilité que la particule atteigne d'abord la frontière correspondant à – *N*, auquel cas vous gagnez 1 euro. Si François gagne *M* euros, Jean-Jacques a perdu et vous ne gagnez rien. Cela correspond à un problème de Dirichlet pour un domaine unidimensionnel, et nous le résolvons en associant au problème brownien la configuration d'équilibre d'un élastique tendu entre deux points. Cette configuration est un segment de droite, la seule courbe vérifiant la propriété de la moyenne, spécifique de la fonction harmonique. Le théorème de Thalès montre que votre probabilité de gain est l'ordonnée de l'origine O d'où vous partez, soit précisément $M / (M + N)$.

Nous avons construit un problème de Dirichlet, avec un domaine et des valeurs limites, de façon que l'interprétation probabiliste de ce problème soit utile. La configuration géométrique du problème de Dirichlet est enfantine, ce qui permet de résoudre d'un coup de cuillère à pot un problème de probabilité. Est-il plus bel exemple de l'enrichissement réciproque de deux domaines mathématiques que le théorème de Shizuo Kakutani ?

P. B.

Bibliographie

Connection Between Brownian Motion and Potential Theory. Anthony Knapp, *Journal of Mathematical Analysis and Applications* 12 (2), 1965.

Dynamical Theories for Brownian Motion. Edward Nelson, Princeton University Press, 1967.

Brownian Motion and Potential Theory. Reuben Hersch et Richard Griego, *Scientific American* 220, 1969.

Le mouvement brownien et la théorie du potentiel. Reuben Hersch et Richard Griego, *Pour la science* hors série 13, 1996.

par J. Lamon et P. Boulanger

Les problèmes d'Alcuin

Le savant britannique Alcuin d'York (vers 735 – 804), précepteur de Charlemagne, serait le diffuseur en Occident du fameux problème du berger, du chou, de la chèvre et du loup. De nombreux problèmes, qu'il propose *« pour stimuler la réflexion des jeunes gens »*, sont des problèmes de traversée, de partage de pâturages, de parenté, de mesures (en unités de l'époque). Voici le *problème de l'homme et des chevaux* : *« Un homme vit des chevaux qui paissaient dans un champ. Il exprima ce vœu :* "J'aimerais que vous soyez à moi ; et si vous étiez le double de ce que vous êtes et la moitié de la moitié, je me glorifierais de posséder cent chevaux." *Calcule qui veut combien de chevaux au pâturage a vu notre homme. »*

Citons un autre problème qui conduit à définir une suite connue sous le nom de *suite d'Alcuin*. Un homme laisse en héritage à ses trois fils trente jarres d'huile, dont dix sont pleines, dix sont à moitié pleines et dix sont vides. Comment partager les jarres et l'huile de façon que chaque fils reçoive le même nombre de jarres et la même quantité d'huile ?

Le problème possède cinq solutions :

- (5 ; 0 ; 5), (5 ; 0 ; 5), (0 ; 10 ; 0),
- (5 ; 0 ; 5), (4 ; 2 ; 4), (1 ; 8 ; 1),
- (5 ; 0 ; 5), (3 ; 4 ; 3), (2 ; 6 ; 2),
- (4 ; 2 ; 4), (4 ; 2 ; 4), (2 ; 6 ; 2),
- (4 ; 2 ; 4), (4 ; 2 ; 4), (3 ; 4 ; 3).

Le nombre de solutions pour $3n$ jarres est identique au nombre de triangles à côtés entiers de périmètre $n + 3$.

Les premiers termes de la suite d'Alcuin sont :

0, 0, 0, 1, 0, 1, 1, 2, 1, 3, 2 , 4, 3, 5, 4, 7, 5, 8, 7, 10, 8, 12…

Si n est pair, le énième terme de la suite d'Alcuin est l'entier le plus proche de $n^2/48$,

et si n est impair c'est l'entier le plus proche de $(n^2 + 3)/48$.

The American Mathematical Monthly, février 2012.

Suites et series. Bibliothèque Tangente 41, POLE, 2011.

Carré magique et non transitivité

De tous temps l'homme, comme disaient les livres d'histoire des années 1950, a considéré les carrés magiques, et toutes les civilisations qui connaissaient l'écriture des nombres ont probablement imaginé des carrés magiques. Voici le plus petit des carrés magiques, de taille 3. La somme des trois chiffres des lignes, des colonnes et des deux diagonales est égale à 15.

Imaginons que des équipes d'échecs à trois joueurs s'opposent et que l'on évalue la force des joueurs par le nombre inscrit dans une case. La première équipe est celle de la première ligne avec des joueurs de forces respectives 6, 1, 8. La deuxième équipe a des joueurs de forces 7, 5, 3, et la troisième équipe les forces 2, 9, 4.

6	**1**	**8**
7	**5**	**3**
2	**9**	**4**

La force « moyenne » des trois équipes, si l'on peut évoquer ces moyennes dans des temps où les climatologues s'empoignent sur le terme, est la même : 5. Et pourtant, la première équipe est battue par la deuxième par deux matchs à 1, la deuxième par la troisième, deux victoires à 1, mais la troisième est battue par la première deux victoires à 1. Notons qu'il a été démontré que ce type de scores intransitifs par deux victoires à 1 est un maximum ! La non-transitivité est toujours étonnante…

par Thierry de la Rue

Le paradoxe de Saint-Pétersbourg

Un jeu de hasard qui rapporte en moyenne plus d'un milliard d'euros à chaque coup… on serait prêt à casser sa tirelire pour y participer ! Mais est-ce bien raisonnable ? Pas si sûr !

Les jeux de hasard organisés par les casinos s'apparentent à des loteries qui attribuent différents gains en fonction d'un tirage au sort. Pour y participer, chaque joueur doit miser une certaine somme qui correspond au prix du billet de loterie. Mais quel prix peut-on estimer raisonnable de payer ?

La réponse à cette question dépend évidemment des lots mis en jeu, et de la probabilité de gain : si l'une des machines à sous du casino est connue pour donner le *jackpot* dix fois plus souvent que les autres, les joueurs seront prêts à miser plus cher sur cette machine. Cependant, même lorsque les règles du jeu sont parfaitement connues, la détermination de la valeur d'un billet de loterie n'est pas sans poser quelques problèmes.

Il est des cas où la détermination de la valeur d'un billet de loterie est délicate, même si toutes les règles du jeu sont correctement fixées.

Pile ou face ?

Voyons d'abord ce qui se passe dans un exemple simple : on joue à pile ou face, si la pièce tombe sur pile, on gagne 10 euros (et rien sinon). La valeur du billet pour une telle loterie est facilement estimée en utilisant la notion d'espérance de gain (voir en encadré) : en moyenne, on gagne à ce jeu une fois sur deux, donc on empoche 10 euros une fois sur deux : un joueur gagne donc en moyenne 5 euros, et on peut penser que cette somme est un prix honnête pour la participation à ce jeu.

La loterie de Saint-Pétersbourg

Le casino de Saint-Pétersbourg est universellement connu pour une loterie très originale : le croupier effectue une succession de tirages à pile ou face, jusqu'à la première apparition de face. Si face apparaît dès le premier lancer, le joueur gagne 2 euros. Si face n'apparaît qu'au deuxième lancer, le joueur

Les Bernoulli

Daniel Bernoulli.

La famille de Nicolas Bernoulli (1623–1708), conseiller d'État de Bâle, a donné en moins de 150 ans, dix mathématiciens, physiciens, professeurs, académiciens savants de haute volée : Jacques 1er (1654–1705), Jean 1er (1667–1748), fils de Nicolas, Nicolas 1er (1687–1759), fils de Nicolas (peintre), fils de Nicolas (juriste), Nicolas II (1695–1726), Daniel 1er (1700–1782), Jean II, tous trois fils de Jean 1er, Jean III (1744–1807), Daniel II (1757–1834), Jacques II (1759–1789), tous trois fils de Jean II et Jean-Christophe (1782–1863), fils de Daniel II.

Parmi cette pléiade de mathématiciens, trois noms se détachent.

Jacques Bernoulli, auteur de l'*Ars Conjectandi* (1715), premier véritable traité de calcul des probabilités, où figurent la loi faible des grands nombres et les nombres de Bernoulli. Correspondant de Leibniz, il perfectionna le tout nouveau calcul intégral.

Jean Bernoulli, véritable auteur de l'*Analyse des infiniment petits* du Marquis de l'Hôpital, il découvrit, entre autres, la décomposition des fractions rationnelles en éléments simples et le principe des déplacements virtuels en mécanique. Il fut le professeur du grand Leonhart Euler.

Daniel Bernoulli, fils du précédent, fit des études de médecine et s'installa ensuite à Saint-Pétersbourg. Membre de l'Académie de cette ville en tant que mathématicien, il publia son fameux paradoxe sur l'espérance. Revenu à Bâle, il fut successivement professeur de botanique, d'anatomie et de physique. Il est considéré comme un des fondateur de la physique mathématique.

gagne 4 euros, si c'est au troisième lancer, le gain est de 8 euros, et ainsi de suite : à chaque tirage d'un pile avant le premier face, le montant du gain est doublé.

Quelle est l'espérance de gain à cette loterie ? Les lots possibles sont de 2 euros, 4 euros, 8 euros… 2^n euros…, et leurs probabilités respectives sont obtenues par le raisonnement suivant.

- Au premier lancer, on a une chance sur deux d'obtenir face, donc la probabilité que le gain soit de 2 euros vaut 1 / 2.
- Le gain vaut 4 euros dans le cas où le premier lancer tombe sur pile (ce qui arrive avec probabilité 1 / 2), et le second sur face (également avec probabilité 1 / 2). Comme les tirages sont indépendants, la probabilité que le gain soit de 4 euros vaut donc $(1 / 2) \times (1 / 2) = 1 / 4$.
- De même, le joueur gagne 8 euros si et seulement si les trois premiers tirages sont dans l'ordre (pile, pile, face), ce qui a lieu avec probabilité $(1 / 2) \times (1 / 2) \times (1 / 2) = 1 / 8$.

De façon générale, le joueur gagne 2^n euros lorsque les $n - 1$ premiers lancers donnent pile et le énième face, et cette configuration est obtenue avec probabilité $(1 / 2)^n$.

Nous sommes maintenant en mesure de calculer l'espérance de gain de la loterie de Saint-Pétersbourg ; elle vaut

$$\frac{1}{2} \times 2 + \frac{1}{4} \times 4 + \frac{1}{8} \times 8 + \ldots$$

$$= 1 + 1 + 1 + \ldots$$

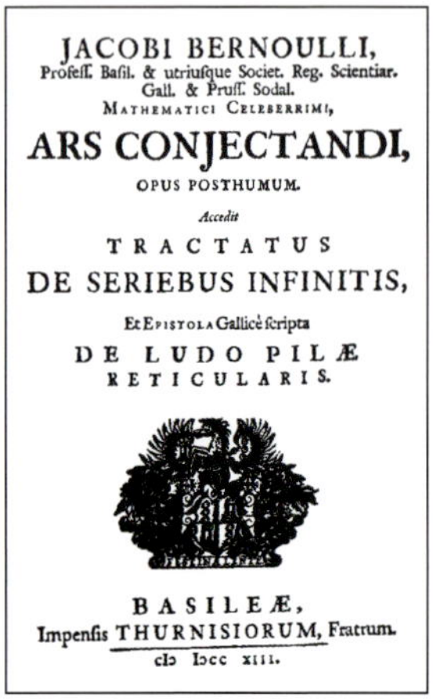
JACOBI BERNOULLI,
Profess. Basil. & utriusque Societ. Reg. Scientiar. Gall. & Pruss. Sodal.
MATHEMATICI CELEBERRIMI,
ARS CONJECTANDI,
OPUS POSTHUMUM.
Accedit
TRACTATUS
DE SERIEBUS INFINITIS,
Et EPISTOLA Gallicè scripta
DE LUDO PILÆ
RETICULARIS.
BASILEÆ,
Impensis THURNISIORUM, Fratrum.
clↄ Iↄcc xiii.

Frontispice de l'*Ars conjectandi*, premier traité de calcul des probabilités, écrit par Jean Bernoulli, père de Daniel, « inventeur » du paradoxe de Saint-Pétersbourg.

Il s'agit donc d'une somme infinie ! Autrement dit, l'espérance de gain à la loterie de Saint-Pétersbourg est toujours bien supérieure à la mise de départ, quelle qu'elle soit. Doit-on en conclure qu'il serait raisonnable de payer dix mille euros pour y tenter sa chance ? Un instant de réflexion permet d'observer qu'il y a seulement une chance sur huit pour que le montant du gain dépasse 10 euros.

La loterie de Saint-Pétersbourg présente donc le paradoxe suivant : bien que l'espérance de gain y soit infinie, aucun joueur raisonnable ne peut accepter de miser plus que quelques euros pour y participer.

Une tentative d'explication

Vous l'aurez compris, la loterie présentée ici n'est en réalité proposée ni à Saint-Pétersbourg, ni ailleurs. (Y a-t-il même un casino à Saint-Pétersbourg ?) Elle a été inventée par Daniel Bernoulli, qui l'a décrite dans un article publié en 1738 par l'Académie de Saint-Pétersbourg. Bernoulli résout le problème posé par ce paradoxe en suggérant que la valeur subjective qu'un gagnant potentiel attribue à un gain donné n'est pas égale à la somme d'argent que représente le lot, mais qu'elle obéit plutôt à la règle suivante : à chaque fois que le montant du gain est doublé, l'attrait que ce gain exerce sur le joueur n'est augmenté que d'une constante. Cela peut se comprendre en remarquant que si vous possédez déjà un million d'euros, gagner mille euros de plus ne vous apportera pas autant de plaisir que si votre fortune initiale n'est que de mille euros. Selon ce principe, un lot de 2^n euros ne procure au gagnant qu'une satisfaction proportionnelle à n, et donc l'« espérance de satisfaction » de la loterie de Saint-Pétersbourg est plutôt donnée par $1/2 + 2/4 + 3/8 + 4/16 + ... + n/2^n + \ldots$, qui est une somme finie (égale à 2).

Vers une approche moderne

Cette explication n'est pas complètement satisfaisante, car si on modifie un peu les lots en accordant au joueur 2^{2^n} euros lorsque le premier face tombe au énième coup, on se retrouve avec une « espérance de satisfaction » infinie, sans pour autant qu'il soit raisonnable de miser beaucoup sur ce jeu. Néanmoins, le point de vue exposé par Daniel Bernoulli préfigure la théorie moderne des jeux fondée au milieu du XXe siècle par von Neumann et Morgenstern, selon laquelle la satisfaction apportée à un joueur donné par un gain éventuel est une fonction de la valeur de ce gain, appelée *utilité*. Cette fonction intègre à la fois la fortune personnelle du joueur, son besoin d'argent mais aussi son caractère personnel (notamment son goût du risque). Ce n'est plus alors l'espérance de gain qui fait le prix du billet de loterie, mais l'espérance d'utilité. Cette théorie permet ainsi de comprendre pourquoi des millions de personnes raisonnables jouent chaque jour à des jeux de hasard dans lesquels l'espérance de gain est toujours bien inférieure au prix du billet, et ceci s'applique autant aux vraies loteries qu'à la souscription d'un contrat d'assurance.

T. R.

Référence

***Fun and games, a Text on Game Theory*. Ken Binmore, D.C. Heath and Company, 1992.**

L'histoire du dilemme du prisonnier

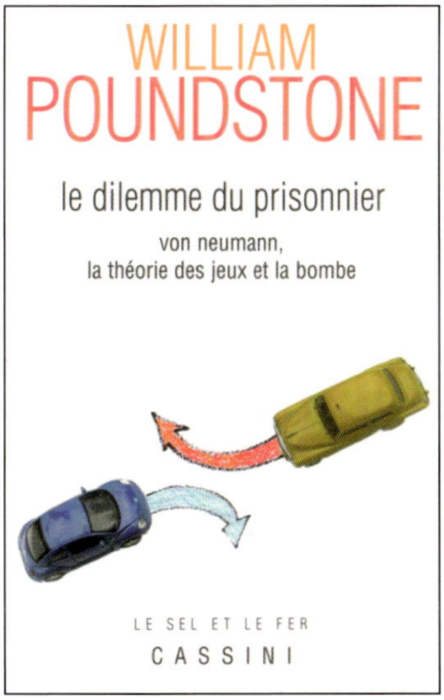

Le dilemme du prisonnier - Von Neumann, la théorie des jeux et la bombe
par William Poundstone, Cassini,
390 pages, 2003, 15 euros.

William Poundstone aborde la théorie des jeux à travers la vie du mathématicien américano-hongrois John von Neumann. Le *dilemme du prisonnier*, qui donne son titre à l'ouvrage, est une situation dans laquelle l'intérêt collectif de deux joueurs est en conflit avec leurs intérêts individuels respectifs. Son origine est attribuée aux deux mathématiciens américains Merrill Meeks Flood (1908–1991) et Melvin Dresher (1911–1992). La présentation classique de ce dilemme avec l'histoire des deux prisonniers est due au mathématicien canadien Albert William Tucker (1905–1995).

Deux gangsters A et B appartenant à la même bande sont arrêtés dans le cadre d'une affaire, mais la police manque de preuves sur le niveau d'implication de chacun d'eux. On propose donc le marché suivant aux deux gangsters, qui sont interrogés séparément et ne peuvent communiquer :

- si l'un dénonce l'autre et que l'autre ne parle pas, le premier bénéficiera d'une peine avec sursis et le second sera condamné à trois ans de prison ferme ;
- s'ils se dénoncent mutuellement, ils écoperont tous les deux de deux ans de prison ferme ;
- si aucun des deux ne dénonce l'autre, compte tenu du doute sur le niveau d'implication de chacun, ils n'écoperont tous les deux que d'un an de prison ferme.

Quelle attitude A et B vont-ils adopter ? S'il ne parle pas, chaque prisonnier risque de subir au minimum un an ferme et au maximum trois ans ferme. S'il parle, chacun peut espérer sortir libre, mais risque deux ans ferme. S'il veut minimiser les risques, chacun a donc intérêt à parler et les deux prisonniers écoperont tous les deux de deux ans de prison ferme. Pourtant, il existerait une meilleure stratégie : en ne parlant pas tous les deux, ils n'effectueraient chacun qu'un an de prison ferme. Mais aucun des deux ne peut connaître à l'avance ce que sera la décision de l'autre... Dans ce tableau, un an de prison ferme se traduit par la valeur – 1 (perte de liberté).

prisonnier A \ prisonnier B	dénonce	ne dénonce pas
dénonce	(– 2 ; – 2)	(0 ; – 3)
ne dénonce pas	(– 3 ; 0)	(– 1 ; – 1)

Après un chapitre qui évoque la biographie et tous les aspects de la personnalité complexe de von Neumann, l'auteur aborde tous les thèmes de la théorie des jeux : les jeux à somme nulle, le minimax, les stratégies mixtes. Il consacre également un chapitre entier à la naissance de l'arme atomique et au rôle joué par von Neumann à Los Alamos (voir *Tangente* 126). La Guerre froide est analysée en se plaçant du point de vue de la théorie des jeux. Sont également évoqués le rôle de la RAND Corporation, institution qui joue le rôle de laboratoire d'idées entre les scientifiques et les militaires américains, et celui de pacifistes comme Bertrand Russell. Les derniers chapitres sont consacrés à la crise des missiles de Cuba et aux applications de la théorie des jeux aux sciences sociales.

par Cédric Aubouy

De l'impossibilité de quantifier le hasard

Est-il possible de quantifier la part de hasard qui intervient dans un jeu ? Pour les organisateurs de jeux, l'enjeu est considérable ! Il appartient de fait au juge d'en décider en dernier ressort. Mais hélas on ne peut pas dire à coup sûr si le hasard prédomine ou non dans un jeu donné.

En France, depuis longtemps, la loi ne s'applique pas de la même façon selon que l'on parle de jeux de hasard ou non. Par exemple, afin de punir la *« tenue de maison de jeu de hasard »*, la Cour de cassation, depuis un arrêt du 5 janvier 1877, considère comme « jeux de hasard » ceux dans lesquels le hasard *prédomine* sur l'habileté (physique ou intellectuelle), de sorte que le juge, afin de déterminer le champ des jeux dont l'organisation publique est interdite par la loi, est censé pouvoir quantifier la part de hasard incluse dans un jeu.

© Junial Enterprises - Fotolia.com

Cette compétence ou capacité du juge à décider de la prédominance ou non du hasard sur l'habileté dans un jeu afin de savoir selon quelles lois il doit juger est cependant possible à remettre en question. En effet, si Gérald Mouquin a déjà proposé une démonstration de l'impossibilité de déterminer la part de hasard apparaissant dans un jeu, en s'appuyant sur des travaux probabilistes, nous donnerons ici les grandes lignes d'une telle preuve par un raisonnement purement logique.

L'idée de la démonstration proposée est théorique et ne remet pas directement en cause la compétence du juge,

© beatrice prève - Fotolia.com

au quotidien, à trancher sur les jeux courants pour lesquels en général la question ne se pose pas. En effet, il s'agit seulement de montrer qu'on ne peut pas, à coup sûr, quantifier la part de hasard qui est dans un jeu ; il n'est pas possible, pour tous les jeux, de dire si le hasard y prédomine ou non (la question étant clairement tranchée pour ce qui est des jeux de Loto ou d'échecs par exemple). La démonstration utilise un « argument diagonal », tel que celui utilisé pour prouver le théorème d'incomplétude de Gödel ou pour montrer qu'il y a strictement plus de réels que d'entiers ou, plus précisément ici, pour traiter le problème de l'arrêt en informatique.

Argument diagonal

La preuve se fait par l'absurde. Supposons qu'il est possible, en un temps fini et pour n'importe quel jeu, de dire si la part de hasard y prédomine ou non. Nous parlerons de jeu *de hasard* quand la réponse est positive, et de *jeu d'adresse* sinon. En considérant qu'un jeu est entièrement déterminé par la donnée de ses règles, lesquelles doivent être finies, nous supposerons ainsi qu'il existe un processus de décision, par exemple un juge, qui est capable, en un temps fini et à la seule donnée des règles d'un quelconque jeu, de dire si ce dernier est un jeu de hasard ou d'adresse.

Nous ferons enfin l'hypothèse qu'il est possible de coder les jeux. Tout jeu étant par hypothèse caractérisé par une suite finie d'instructions, et l'ensemble des suites finies d'entiers naturels étant dénombrable, il est possible (et nous l'admettrons), quitte à coder les instructions, de numéroter les jeux en un temps fini, d'associer à chacun un entier qui le détermine de façon unique : le *code du jeu*. Le grand nombre de jeux arbitrables par ordinateur témoigne de la possibilité de coder ainsi les jeux et, en un temps fini, de retrouver les règles du jeu à la seule donnée de son code. L'unicité de la décomposition en facteurs premiers de tout entier permet un tel codage des suites finies d'entiers ; on fait par

© shocky - Fotolia.com

exemple correspondre à la suite finie 3, 17, 21, 2, 12 l'entier $2^3\,3^{17}\,5^{21}\,7^2\,11^{12}$. La preuve fait aussi appel à l'axiome du choix : nous utilisons le fait qu'une réunion dénombrable d'ensembles dénombrables est dénombrable.

Jeux à paramètre

Un *jeu à paramètre* désigne tout jeu dont les règles dépendent d'un entier. Jouer à un jeu J à paramètre consiste à effectuer d'abord le choix d'un entier *n* de la façon que ses règles le stipulent, puis à jouer selon les règles au jeu noté J(*n*). On demande, pour tout entier *n*, que J(*n*) existe et que J(*n*) ne soit pas lui même un jeu à paramètre. Pour deux entiers distincts *n* et *n*', les règles de J(*n*) doivent coïncider avec celles de J(*n*') dès lors qu'on y remplace *n* par *n*'. Dans les règles de chaque jeu J à paramètre, il y a donc une façon de choisir un entier *n*, puis une quantité dénombrable de jeux J(*n*) dont les règles ne diffèrent que par la valeur de l'entier *n*. On peut imaginer par exemple le jeu J à paramètre suivant, que nous appellerons le jeu des grands chevaux :

• J est muni du plateau du jeu des petits chevaux, avec une case supplémentaire notée *n* ;
• le joueur le plus jeune choisit l'entier naturel de son choix ;
• on joue au jeu noté J(*n*), qui consiste à jouer aux petits chevaux tout en avançant de *n* cases dès lors que l'on tombe sur la case marquée *n* qui a été ajoutée.

J est bien un jeu, et pour tout entier *n*, J(*n*) est un autre jeu. On peut jouer à J et on peut aussi jouer à J(365), la seule différence entre ces deux jeux est que le paramètre doit être déterminé dans le premier, alors qu'il est fixé dans le second.

Notons E l'ensemble des jeux à paramètres et F l'ensemble des codes des jeux à paramètres (l'exemple ci-dessus autorise à supposer ces ensembles non vides).
Soit *n* dans F. Il existe alors un jeu à paramètre J qui est dans E et dont *n* est le code ; on notera n(n) le code de J(*n*), c'est-à-dire que *n*(*n*) est le code du jeu à paramètre J appliqué à son propre code… (si 2 645 est le code du jeu J des Grands chevaux, on note 2 645(2 645) le code du jeu J(2 645)).

On raisonne maintenant par l'absurde, et on suppose donc qu'il existe un processus de décision, noté P (comme un juge) capable, à la seule donnée des règles d'un quelconque jeu, de dire en un temps fini si celui-ci est un jeu de hasard ou d'adresse. On peut supposer, car le codage–décodage des jeux est supposé faisable en un temps fini, de façon récursive lui aussi, que la seule donnée du code du jeu permet à P de trancher.
Construisons maintenant un jeu 𝕵 infernal…

J est un jeu à paramètre. Le joueur (il n'y en a qu'un pour ce jeu-là) choisit un entier naturel de façon explicite, par exemple le nombre de fois qu'on fait pile sans faire face, de sorte que tout entier soit bien candidat. Les règles du jeu à paramètre **J**(n) sont alors les suivantes :
si n n'est pas dans F, alors n n'est pas le code d'un jeu à paramètre, et on a perdu ;
si n est dans F, alors on donne $n(n)$ à P. Ce dernier reçoit donc le code du jeu suivant, qui n'est pas à paramètre : le code du jeu à paramètre de code n appliqué à son propre code. Et si, après décodage, la réponse est « jeu de hasard », alors **J**(n) dit « gagné ! », et si la réponse est « jeu d'adresse », alors on tire à pile ou face : pile pour « gagné ! », face pour « perdu… », nous dit **J**(n).

On peut bien sûr jouer à **J**. On peut aussi, pour tout n, jouer à **J**(n). **J**(217) n'est pas très drôle, on perd toujours, car aucun jeu à paramètre n'a le code 217. **J**(2645) est mieux : 2 645 étant le code d'un jeu à paramètre, P reçoit le jeu des petits chevaux avec une case qui vaut 2 645 cases…
J est dans E. Donc il existe un entier j de F qui est le code de **J**, et on peut jouer à **J**(j). Et l'on pose la question : **J**(j) est-il un jeu de hasard ou d'adresse ?
Si **J**(j) est un jeu de hasard, alors jouer à **J**(j) revient à gagner à tous les coups, et donc **J**(j) est un jeu d'adresse. Si **J**(j) est un jeu d'adresse, alors jouer à **J**(j) revient à tirer à pile ou face, et **J**(j) est un jeu de hasard.
C'est absurde ! Et **J**(j) ne peut manifestement pas exister. Il y a une contradiction et P, de fait, ne peut pas exister non plus : on ne peut donc dire à coup sûr si le hasard prédomine ou non dans un jeu donné. D'où l'impossibilité, *a priori*, de quantifier la part de hasard qui est dans un jeu.

Le codage effectif des règles des jeux dépasse le cadre de cet article introductif. Il est évident que la donnée d'un tel codage est nécessaire pour valider définitivement une preuve rigoureuse. Par contre, on est bien obligé de passer par les jeux à paramètres et le codage : c'est le codage qui permet d'appliquer les lois communes de l'arithmétique, et la notion de jeu à paramètre permet d'éviter l'écueil de l'infini dans l'autoréférence : sinon on joue au jeu J consistant à proposer un jeu j pour un certain test (de hasard ou non), et il devient impossible de jouer avec son propre jeu : J(J(J(J(…))) n'a tout simplement pas de sens !

Remarquons enfin que l'utilisation de ce type d'argument diagonal pourrait être faite à l'égard d'autres types de jeux, et ainsi mener aux conclusions burlesques qu'il n'est pas possible de dire si un jeu est un jeu de cartes ou non, si un jeu est un jeu de dé ou non… Au fond, la seule vraie conclusion n'est-elle pas que le juge ne peut pas s'appuyer solidement sur les mathématiques pour décider ? Peut-on savoir ou non avec certitude si l'on joue avec le feu ?

C.A.

RÉFÉRENCES :

- *L'État et le jeu.* Jean-Baptiste Darracq, Presses universitaires d'Aix-Marseille, 2007.
- *La notion de jeu de hasard en droit public – Essai axiomatique de* lege ferenda. Gérald Mouquin, Droz, 1980.
- Les spectacles de L'île logique, compagnie de théâtre et clowns de sciences fondamentales dirigée par Cédric Aubouy (http://ilelogique.fr/).

par Philippe Boulanger

L'optimisation du choix

Confrontés à plusieurs possibilités séquentielles, dont certaines seulement vous intéressent, vous devez choisir, mais sans possibilité de retour. Quel est votre meilleur choix ?

« Cent enveloppes scellées contiennent des chèques de 1, 2, 3 jusqu'à 100 guinées. Vous ouvrez une enveloppe, puis une seconde, puis une troisième, etc. À chaque instant, vous choisissez entre deux options : soit vous prenez le chèque dans la dernière enveloppe, vous encaissez son montant et le jeu s'arrête, soit vous déchirez ce chèque et vous piochez une nouvelle enveloppe dans celles qui restent. Supposons que vous ayez le droit de tirer dix enveloppes. Vous devez déterminer la meilleure stratégie, celle avec laquelle vous gagnerez probablement le plus possible. »

Arthur Cayley

Le problème d'Arthur Cayley se retrouve dans la vie courante. Par exemple si vous voulez impérativement vendre votre voiture aujourd'hui et vous avez une succession de n acheteurs potentiels qui vous offrent l'un après l'autre des prix différents. Quand vous avez rejeté une offre, votre réjection est définitive. Existe-t-il une stratégie optimale pour choisir la meilleure offre ? Et quelle est-elle ?

Les maths du *speed dating*

Vous êtes dans une réunion de *speed dating* et vous devez choisir la femme (ou l'homme) qui vous semble la plus séduisante : même problème que précédemment, tout comme le choix de la place de parking vide la plus proche du théâtre, ou le moment de vendre des actions en Bourse, ou encore votre décision de vous arrêter de jouer à la roulette. Dans la plupart des études, le problème est formulé sous la forme d'un patron qui cherche à recruter une secrétaire parmi n candidates avec le même impératif de choix définitif.

Il est extraordinaire que les mathématiques apportent une solution à ce pro-

blème ; de nombreux mathématiciens l'ont étudié et l'on raconte que Kepler, déjà au XVIIe siècle, a choisi ainsi sa seconde femme !
Le premier traitement probabiliste correct est celui du mathématicien britannique Arthur Cayley (1821–1895), plus renommé pour son étude des invariants, la théorie des matrices et son examen des espaces à n dimensions. Cayley avait résolu le problème des secrétaires « en passant » et le classait dans la catégorie des « petites » questions auxquels il aimait bien s'attaquer, pour se délasser…

Dans la version la plus simple du problème, il s'agit de trouver la *dernière* occurrence du tirage 6 (qualifié de *succès*, tout autre résultat étant considéré comme un *échec*) dans douze tirages d'un dé. Il va de soi que le problème est de nature probabiliste car vous ne connaissez pas à l'avance la valeur des tirages. Supposons que les douze tirages donnent successivement 2, 1, 5, 2, 6, 3, 4, 5, 6, 1, 2 et enfin 2. Si vous décidez que le premier 6 est le dernier, alors vous perdez et si vous laissez passer le second 6, vous perdez également car il n'y en a plus après. On devine donc que la stratégie optimale consiste à attendre un peu, mais pas trop.
Combien de tirages faut-il attendre, exactement ? La valeur à partir de laquelle vous devez prendre le premier 6 qui se présente est l'*indice d'arrêt*. Dans le cas des dés, la valeur optimale de l'indice d'arrêt est 8. Vous laissez passer les cinq premiers tirages (car 12 – 8 + 1 = 5), puis vous pariez que le premier 6 que vous rencontrez est le bon, c'est-à-dire le dernier tirage d'un 6. Avec cette stratégie, la probabilité que vous gagniez (c'est-à-dire que vous tombiez effectivement sur le dernier succès) est environ égale à 0,4. La démonstration de ce résultat est assez calculatoire. Toutefois, il existe un algorithme pratique exposé dans l'encadré.

L'algorithme des odds

Nommons *évènement opportun* ou *succès* l'évènement attendu (dans l'exemple des dés, il s'agit du tirage d'un 6). Nous avons n évènements aléatoires, T_1, T_2, T_3… T_n (les jets de dés) et les probabilités p_1, p_2, p_3… p_n celles que l'évènement soit opportun et q_1, q_2, q_3… q_n les probabilités que l'évènement soit inopportun ($q_i = 1 - p_i$). Dans le cas des dés, les probabilités p_i sont celles de tirer un 6, soit 1 / 6, quel que soit le numéro du tirage et les probabilités q_i valent toutes 5 / 6. Définissons maintenant les *odds* $r_i = p_i / q_i$ (il n'existe pas de mot équivalent en français). Nous comptons maintenant les r_i à partir de la fin, de r_n jusqu'à r_k tel que la somme $r_n + r_{n-1} + \ldots + r_k$ soit égale ou supérieure à 1. L'indice k est alors précisément l'indice d'arrêt.
Dans le cas des tirages des dés, $p_i = 1/6$, $q_i = 5/6$ et $r_i = 1/5$. Remarquez que, pour cause d'équiprobabilité, tous ces indices ne dépendent pas de i. La stratégie optimale consiste à stopper quand sort le premier 6 (s'il sort !) au cours des cinq derniers lancers.

Kepler (à gauche) et Cayley, adeptes de la solution du problème des secrétaires.

Quelle place de parking devez-vous prendre pour être le plus près de la porte d'entrée ? Attendre est un pari, car il n'y aura peut-être pas de place de libre avant de que vous soyez au bout de la file.

La règle des 37 %

Dans le cas de la vente de la voiture de sport avec n acheteurs, on peut supposer, sans information supplémentaire, que chaque offre a la probabilité $1 / n$ d'être la meilleure. Si vous avez huit clients, vous devez saisir la meilleure offre, c'est-à-dire celle supérieure à toutes les précédentes, à partir du quatrième client. La théorie indique que la probabilité que ce soit la meilleure offre est 0,41.

Dans le tableau ci-dessous sont indiquées, en fonction du nombre n d'acheteurs potentiels, la valeur k à partir de laquelle il faut prendre l'offre la plus forte, ainsi que la probabilité P de gain associée.

Toutes les valeurs de la probabilité de gain (le dernier 6, l'offre maximale de l'acheteur) sont de l'ordre de $1 / e$, soit environ 0,37. Quand n tend vers l'infini, il est démontré que la meilleure stratégie est de laisser passer les 37 % premiers évènements et de prendre le meilleur qui se présente après. Et, c'est presque de la magie, votre probabilité de succès est aussi $1 / e$, si bien que le problème est quelquefois nommé « la règle des 37 % ».

La méthode se généralise aux problèmes continus. Supposez que vous vouliez faire très brièvement du cerf-volant dans un vent changeant et dont vous voudriez qu'il soit le plus fort possible. Si vous avez une heure à consacrer à vos essais, il sera favorable que vous attendiez $1 / e$ heure et que vous commenciez par le vent le plus violent que vous ayez mesuré après cette attente.

Bien sûr, dans la « vraie vie », le bon choix n'est pas aussi simple et vous pouvez rappeler les acheteurs, la secrétaire ou le prétendant que vous aviez prématurément évincé. Des modèles mathématiques perfectionnés ont été conçus pour inclure diverses possibilités. La littérature est abondante sur le sujet.

Des psychologues ont observé l'attitude des acteurs décisionnaires et ont remarqué qu'ils s'arrêtaient toujours trop vite dans leurs recherches, avant la bonne valeur d'arrêt. Cela s'explique peut-être par le coût économique et humain des entrevues. Mais le même comportement s'observe pour le choix d'un parking, ou la vente d'une voiture : la peur de manquer est plus forte que notre rationalité !

P.B.

n	1	2	3	4	5	6	7	8	9
k	1	1	2	2	3	3	3	4	4
P	1	0,5	0,5	0,458	0,433	0,428	0,414	0,410	0,406

Références
- *Le bon choix… raisonné.* Thomas Bruss, *Pour la Science* 335, septembre 2005.
- *Les algorithmes.* Bibliothèque Tangente 37, 2009.
- *Savoir quand s'arrêter.* Theodore Hill, *Pour la Science* 381, juillet 2009.

Poker et théorie des jeux

Que serait la théorie des jeux sans le poker ? Inventée par deux Européens émigrés aux États-Unis, la théorie des jeux est sans doute un des apports les plus brillants et les plus novateurs faits aux mathématiques au XXe siècle. En 1944, von Neumann et Morgenstern faisaient paraître *Theory of games and economic behavior*, où ils développaient une théorie de la stratégie optimale des jeux à somme nulle. Le poker formait un modèle des plus intéressants. Von Neumann et Morgenstern ont développé, au-delà de la prise en compte du hasard de la donne, la notion d'information, complète ou incomplète. Nous allons explorer ces idées dans les pages qui suivent.

Petite histoire du poker. Thierry Depaulis, POLE, 2008.

Le Poker

Les premiers pas

Aussi haut que l'on remonte dans le temps, le poker n'apparaît pas avant le début du XIXe siècle. L'Amérique, et plus spécialement la vallée du Mississippi, sont le théâtre de ses premiers exploits. Ce véritable couloir fluvial, qui irrigue les États-Unis du Nord au Sud, a fourni une voie idéale pour l'éclosion et la diffusion du jeu. Depuis 1812, la Louisiane, rachetée à la France en 1803, forme un État de l'Union et le Mississippi est ainsi devenu un fleuve entièrement américain. Vers 1820, La Nouvelle-Orléans était la cité la plus prospère des jeunes États-Unis et sûrement la plus bariolée sur le plan culturel. C'est à un ex-militaire, James Hildreth, que l'on doit la plus ancienne mention du poker. Celle-ci se trouve dans ses mémoires, *Dragoon Campaigns to the Rocky Mountains* (Les campagnes des Dragons dans les montagnes Rocheuses), publiés à New York en 1836. Hildreth y parle de ses pertes au poker, ajoutant que ce jeu est bien connu dans le Sud et l'Ouest, mais guère dans l'Est. Nous n'en saurons pas plus. Mais le nom du jeu est bien là.

La relance

Deux alliés de poids ont dopé le poker après la Seconde Guerre mondiale. Les casinos de Las Vegas, temples du *stud* puis du *texas hold'em*, n'y sont pas étrangers, et parmi eux le vénérable Binion's Horseshoe, fondé par Benny Binion en 1951. Facteur moins connu mais tout aussi puissant, les *cardrooms* de Californie vont former le vivier populaire du poker à l'argent. Depuis 1911, en Californie, le *draw poker*, où les joueurs peuvent choisir quelles cartes ils rejettent, n'était pas considéré comme illégal. Cette disposition allait entraîner l'apparition des cardrooms, sortes de cercles de jeu, où l'on peut jouer moyennant une petite commission versée au tenancier du lieu. Le phénomène s'est surtout développé après 1945. Le climat ensoleillé de la Californie, la mer, l'industrie cinématographique et sa cohorte de stars ouvraient la voie aux jeux d'argent, que la loi, pourtant, n'autorisait pas. En 1976, la Mecque du poker commercial était Gardena, une banlieue de Los Angeles.

par Alexis Beuve

Le poker est un jeu de hasard... et de stratégie

On le savait déjà : les probabilités mettent de l'ordre dans le hasard. Si vous perdez une donne de poker dans laquelle vos chances de gain étaient de 97 %, ce n'est pas de la malédiction : jouez-la un très grand nombre de fois, et vous perdrez en moyenne trois fois sur cent. N'est-ce pas rassurant ?

Le chaos a ses propres lois sur lesquelles les mathématiciens, les météorologues et les financiers progressent depuis plus de soixante ans. Le référentiel du poker n'est pas le chaos, c'est seulement le hasard, soumis à des lois infiniment plus simples. Le poker est un jeu de hasard où tous les joueurs appliquent les mêmes règles. Il s'agira ici des règles du Texas Hold'em no limit, la version la plus jouée actuellement.

Comment exploiter les lois confortables du hasard ? Acceptons l'idée que le poker rationnel est abordable. Nous pouvons transformer les probabilités en espérance de gain et en volatilité, puis en outil décisionnel. Les choix, eux aussi, sont très simples : *fold* (passer, se coucher), *call* (suivre), *check* (parole), *raise* (relancer). Il faut s'y faire, la langue du poker est l'anglais.

À la question « *Pour gagner, faut-il calculer en cours de donne ?* », nous répondons généralement non, l'essentiel est de gérer correctement ses parties après avoir acquis quelques connaissances élémentaires solides. Mais est-ce seulement de la théorie ?

Scénario à la télévision

Pour tenter de répondre à la question « *Où sont les mathématiques dans le poker ?* », observons le début de cette donne, jouée en table finale d'un tournoi télévisé. Voici l'analyse que nous proposent les deux commentateurs. Ce scénario fera office de règle du jeu pour ceux qui les ignoreraient.

Il ne reste plus que quatre joueurs dans le tournoi. Les *blinds* valent 250 / 500. Les tapis : Alex possède 25 000, il est *chip leader*, suivi par David, 20 000. Ensuite, le match est serré entre Chloé, 10 000, et Billy avec 5 000. Trois d'entre eux, rappelons-le, recevront un prix conséquent pendant que le quatrième, « à la bulle », aura fait tous ces efforts pour la gloire. Le *dealer* (donneur) dis-

Une donne sous les projecteurs
Tournoi télévisé : quatre joueurs

Chloé est petit blind (250).
David est gros blind (500).
Alex passe.
Billy ouvre (500).
Chloé relance (1 250).
David sur-relance (10 000).

tribue les cartes, deux par joueur, que nous sommes seuls à connaître grâce aux caméras disposées devant les joueurs. Le premier tour de table concerne donc l'estimation exclusive de ces deux cartes. Ensuite, une fois ce tour terminé, le donneur déposera trois cartes, faces visibles, au centre de la table. C'est le *flop*. Ces cartes communes seront ajoutées à leur jeu par les trois joueurs pour évaluer une nouvelle fois leur main. Cette évaluation donnera lieu à un second tour d'enchères. Le retournement d'une nouvelle carte au centre (le *turn*) sera cause d'une troisième ronde d'enchères entre les joueurs restants, celui d'une cinquième carte (la *river*), d'une quatrième joute contre les rescapés.

Chaque joueur associera à ses deux cartes les cinq étalées et choisira parmi ces sept cartes la meilleure combinaison possible de cinq cartes. Le joueur encore en lice qui possède la plus haute de ces combinaisons remporte le pot. L'ordre de combinaison est le même dans toutes les formes de poker : quinte *flush*, carré, full, couleur, suite, brelan, deux paires, paire, cartes isolées, des combinaisons semblables étant elles-mêmes départagées par la (voire les) plus haute(s) carte(s) de la combinaison.

Du grand poker !

• Alex parle en premier. Il possède une paire de 2 et passe. Bien joué, pas de

©iStockphoto.com/johnnyscriv

Attaquer avec une paire de 5 ? Une décision rationnelle si la cote de la main est meilleure que celle du pot.

pression inutile. Billy décide d'engager 10–9 assortis, c'est correct. Chloé attaque au bouton avec une paire de 5, une jolie main bienvenue au petit *blind*. Elle relance de 1 250, ce que l'on pourrait qualifier de très bon coup.

• Absolument. Mais n'allez pas trop vite en besogne, cher confrère, parce que je me demande bien quelle va être la réaction de David avec A–10. Et bien sûr, sans appel : 10 000, *all-in* ! Il met ses adversaires à tapis. C'est magnifique. Billy ne peut pas défendre sa main et passe. Chloé réfléchit une bonne minute car ce n'est pas une décision facile, et jette finalement sa paire, non sans quelques regrets. David remporte le coup sur ce *squeeze* standard, un véritable coup de position en fait. Vous ne verrez ça qu'en tournoi.

• Je me demande toutefois si Chloé a pris la bonne décision. Mais nous assistons à du grand poker ! Ce *squeeze* révèle de grande qualités de lecture et beaucoup d'intuition, n'est-ce pas ?

• Du grand poker, certes. Mais de l'intuition, pas tout à fait cher ami, c'est de la technique pure… Et Chloé a eu raison de passer.

Les commentateurs analysent les coups de cette donne en temps réel, avec une rapidité et une assurance déconcertante. En effet, comment justifier qu'Alex passe avec une paire pendant que David surrelance avec A–10 ? Qu'est-ce qui peut également expliquer pourquoi Chloé attaque avec une paire de 5, puis ne suit pas la relance d'une main pourtant inférieure à la sienne ? Enfin, pourquoi les commentateurs approuvent-ils tous ces mouvements, qui, il faut le reconnaître, doivent paraître très obscurs pour le néophyte, où la frontière entre les bons coups et les mauvais coups n'est pas aussi limpide ? Certains spectateurs n'hésitent pas, railleurs, à qualifier cette donne de *« grand n'importe quoi »*.

Les cotes et les mains de départ

Et pourtant… Elle est on ne peut plus rationnelle. Alors, où sont les mathématiques dans le poker ? En fait, elles sont partout, sous nos yeux. Il suffit de reformuler le discours de nos deux commentateurs de la façon suivante :

(1) Alex passe avec 2–2 : c'est en effet normal. Il est en début de position et doit payer 500 pour gagner un pot qui vaut pour l'instant 750. En bon technicien, il calcule sa « cote » : 750 contre 500, que l'on note 750 : 500, ou bien 1,5 : 1. Il sait que sa main de départ, une paire de 2, lui offre environ 22 % de chances de gain contre trois mains adverses prises au hasard, c'est-à-dire une cote de 3,5 contre 1. Le calcul est simple : la cote de sa main n'est pas couverte par la cote du pot ; il passe.

(2) Bill paye avec 10–9 assortis. C'est moins bon que paire de 2, direz-vous ? Non, parce qu'il n'y a plus que

trois joueurs ensuite ! La cote de cette main grimpe en flèche à 1,60 contre 1, presque la cote du pot. D'autres variables apportent le petit dixième manquant, notamment le fait qu'il bénéficie de la meilleure position. D'après des critères purement mathématiques, on peut montrer que sa décision est effectivement correcte.

(3) Chloé relance avec une paire de 5. Eh bien, elle a raison, d'après les mêmes critères que précédemment.

Les cotes implicites

(4) Plus complexe. David sur-relance le tapis avec une main inférieure, et ses adversaires passent. Un *bluff*, pensez-vous ? En fait, David aurait pu effectuer ce mouvement sans même regarder ses cartes. Non pas parce que l'effet *all-in* intimide ses adversaires (ce sont de très bons joueurs), mais parce que ce faisant, il active trois nouvelles variables particulièrement complexes du poker de tournoi :

a. les cotes implicites (il anéantit celles de Billy, qui passe),

b. l'ICM (*independent chip model*), qui remet en question la valeur des jetons engrangés jusqu'ici,

c. le « bulle facteur », qui oblige Chloé à passer.

Et Chloé a raison de passer. Toutes les décisions ont été prises sur des critères purement techniques, que des mathématiques relativement simples permettent de mettre en équation.

Alors, au poker, les mathématiques sont partout ? Il faudrait être mathématicien pour gagner… ou même seulement pour jouer ? En fait, pas du tout, mais ça aide. D'abord, le meilleur mathématicien n'a aucune garantie de gain : la résistance au stress restera toujours la plus grande des qualités. Ensuite, les mathématiques peuvent se compenser par l'expérience, c'est vrai. La différence, c'est le coût de l'apprentissage : il est bien moindre pour les matheux !

A.B.

© Ivan Nakonechnyy - Fotolia.com

par Alexis Beuve

Topologie des mains de départ

La valeur d'une main se détermine avant tout par une probabilité : celle de remporter la donne lorsque toutes les cartes du tableau seront découvertes. Si la probabilité *a priori* ne demande qu'un petit effort de mémoire, elle évolue, parfois de façon spectaculaire, à chaque fois qu'un joueur enchérit, ou même passe !

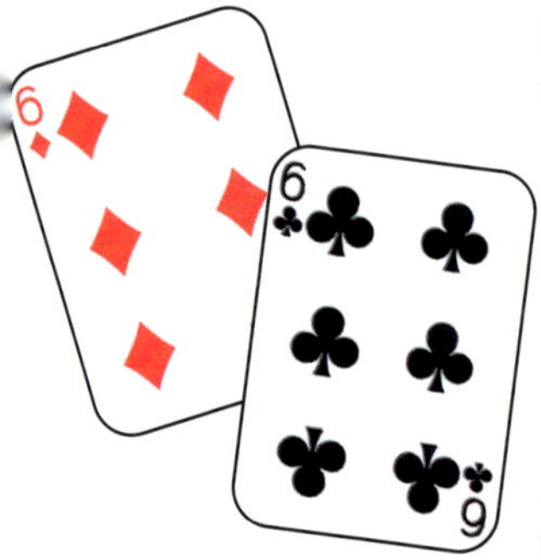

Commençons une donne ensemble. Il y a dix joueurs à table. Nous sommes gros *blind*, c'est-à-dire que nous misons sans voir notre jeu : par exemple 10. Avant nous, le petit *blind* a misé 5. Gros *blind*, c'est une bonne position uniquement au premier tour d'enchères, parce que nous parlons en dernier. Nous disposons du maximum d'informations : le montant des enchères, les adversaires présents et ceux qui ont quitté prématurément la donne. Au gros *blind*, on aime bien recevoir des mains correctes pour défendre la mise initiale et compenser l'inconvénient de la position aux tours d'enchères suivants.
Justement, nous recevons une paire de 6 : une main dans le « top 40 % ». Un bon début, n'est-ce pas ? Au *hold 'em no limit*, qui se joue avec deux cartes en mains, une paire servie, même faible, est nécessairement un bon jeu. Pourtant, l'analyse mathématique de cette donne va dévoiler toute la complexité du poker.

Le débutant pense que le premier facteur de décision est la hauteur de la main elle-même. En réalité, la force de cette paire peut varier du tout au tout en fonction d'autres facteurs, comme par exemple le nombre de joueurs en lice.

Des chances qui évoluent

Distribution des cartes. Dix participants. Appelons les joueurs A, B, C, D, E, F, G, H, J et K. Nous sommes le joueur K, au gros *blind*, dernier à parler. Personne n'a enchéri. La paire de 6 affiche 11,0 % de chances de gain. Faible, direz-vous ? C'est pourtant supérieur à la moyenne de 10 % (il y a dix joueurs). Note : toutes les probabilités sont évaluées avec le logiciel

PokerStove, méthode Monte Carlo.
A passe ; un adversaire en moins. Les chances de la paire de 6 montent à 12,5 %. Un petit pourcent de plus pour un joueur de moins : pas terrible… B passe, la paire de 6 vaut maintenant 14,1 %. C et D passent également. Respectivement 16,2 % et 19,1 % de chances de gain ! Pour l'instant, quatre joueurs ont passé, aucune enchère n'a été faite, et pourtant, la force de la paire a presque doublé ! Le nombre de joueurs est bien un facteur capital.
Soudain, E enchérit 10 : il égalise votre mise de départ. Ce joueur est réputé prudent. Il possède donc une main de départ tangible. Les barèmes standard donnent par exemple : au moins une paire de 7, A–5, R–9, D–9, V–9, 10–9 assortis (même couleur) ou A–9 et R–V, D–V dépareillées (de couleurs différentes). En revanche, il n'a pas beaucoup mieux, sinon, il aurait relancé. Contre de telles mains, et quatre autres prises au hasard (celles des joueurs restant), les chances de la paire de 6 chutent à 18,4 %. La faiblesse de la petite paire se révèle. F passe et la paire de 6 offre maintenant 22,8 %. Intéressant. C'est un bond significatif qui illustre un phénomène mathématique : les paires n'aiment pas la foule. Elles deviennent vraiment fortes en petit comité. Malheureusement, G, un joueur prudent, paye aussi. Il a quelque chose. La paire de 6 ne vaut plus maintenant que 22,3 %. Soudain, H, un joueur réputé extrêmement agressif, relance de 70. Pour simplifier, on imagine qu'il a n'importe quelle main parmi les suivantes : 9–9 et plus, A–V, R–D, D–V, V–10 assortis et A–D, A–R dissociés. La paire de 6 a chuté à 20,6 %. Enfin, J (le petit *blind*), réputé très prudent, paye à son tour la relance. Il a une main correcte. Les chances de la paire de 6 ne sont plus que 21,5 % (voir le graphe).

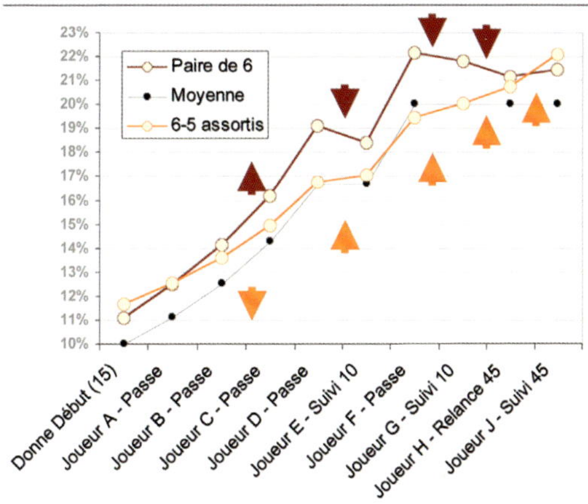

6-6 et 6-5 sont des mains très différentes. Selon les enchères adverses, leur probabilité de gain évolue en sens inverse !

Lorsque joueur F passe, la paire de 6 atteint son potentiel maximum, pendant que 6-5 tombe sous la moyenne de la table.

Mais finalement, 6-5 sera meilleur que 6-6 pour défendre le blind.

Variation par rapport à la moyenne

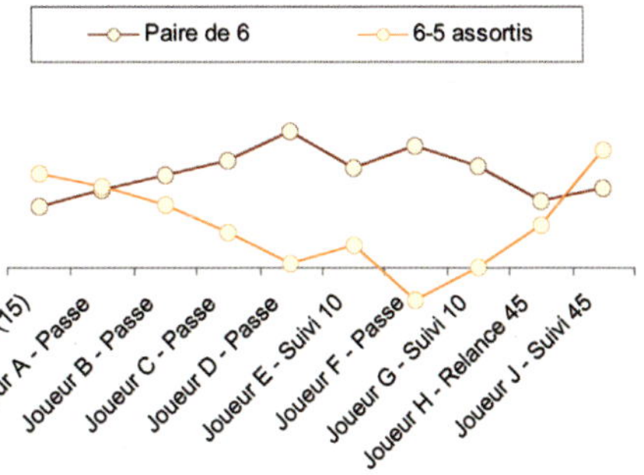

Une seule carte change et…

Deuxième donne. Une seule carte a changé : 6–5 au lieu de 6–6. Deux cartes faibles, c'est beaucoup moins fort qu'une paire, n'est-ce pas ? Et pourtant… Nous possédons des « connecteurs assortis ». Leur motivation première est la suite ou la couleur, deux combinaisons très fortes, et bien dissimulées.

La paire de 6 prenait toute sa force en table restreinte, contre un petit nombre d'adver-saires. Pour les petits connecteurs, c'est le contraire : ils aiment la foule, parce que les tirages de suites et de couleurs vont rater tellement souvent qu'ils ont besoin de clients pour alimenter le pot. C'est le contraire de la paire. Mettons cela en image.

Une approche globale

Après 6–6 et 6–5, on pourrait étudier ainsi les cent soixante-neuf mains de départ une par une. Mais il est plus efficace de les traiter ensemble, comme une matrice. C'est le travail qui a été réalisé dans *le Poker, au-delà du hasard* (Praxeo, 2008), dont est tiré cet article. La diagonale des paires sépare les mains assorties (en haut sur le graphe) et les mains dépareillées (en bas). Plus la couleur de la case est claire, plus la main est forte. Observez les mains fortes en table pleine, puis en table restreinte, lorsqu'il ne reste que deux joueurs : ce ne sont pas du tout les mêmes.

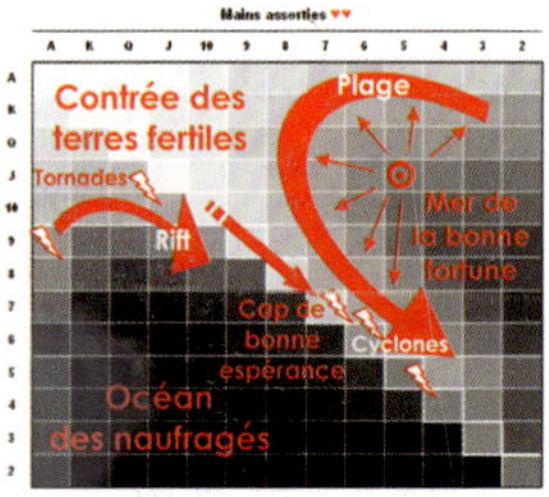

Topologie des mains de départ à une table pleine (dix joueurs)

Le monde des tables pleines est anisotrope et tourmenté ; terres fertiles et mers poissonneuses au nord-est (les mains assorties), falaises abruptes et une immense étendue d'eau hostile au sud-ouest (les mains dissociées).

La forme de la plage est singulière. On y trouve les connecteurs assortis, jouables lorsque les paires de même valeur faciale ne le sont pas.

Le cap de Bonne-Espérance est un isthme plat qui s'enfonce ensuite à pic dans l'océan après la paire de 7.

La paire de 6 est très fragile ! CQFD.

Topologie des mains de départ à deux joueurs

On joue souvent à deux (*heads-up*), même s'il y a dix joueurs à table, par exemple lorsque tout le monde passe et qu'il ne reste que les *blinds*, ou lorsqu'un joueur relance, et que seul le gros *blind* défend sa mise.

Nous sommes dans un autre monde. L'espace des mains en *heads-up* est douce et régulière. C'est un monde symétrique où les mains assorties et dissociées rivalisent presque d'égal à égal. Les lignes de niveau franchissent le Grand Cap (les paires) sans singularité géomorphique, ce qui élimine directement tous les jeux de connecteurs.

Les bancs de sable sont un terrain d'aventures. Sur ces terres se déroule la chasse d'un gibier très prisé : le gros *blind*. Les bancs sont émergés la moitié du temps, à marée basse, lorsque le *blind* est mal servi. Les boutons téméraires s'y risquent avec de fortes relances d'ouverture. Les joueurs prudents essayent d'éviter ses sables mouvants. Régulièrement, des expéditions aventureuses s'y achèvent en drames.

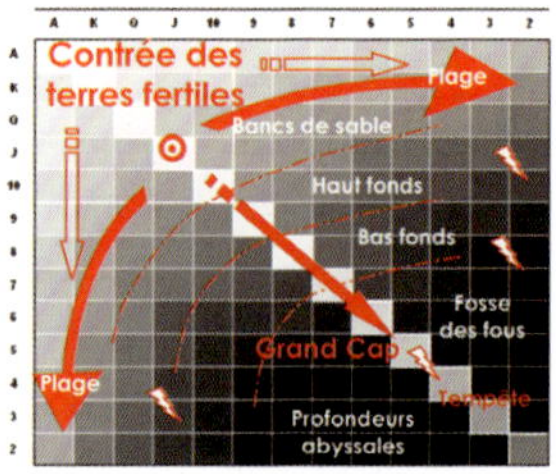

Tant que les joueurs passent (les quatre premiers), la paire se renforce et les connecteurs s'affaiblissent. Mais dès qu'il y a un joueur engagé dans la donne (E), la paire faiblit et les connecteurs se renforcent. Finalement, à partir de trois joueurs engagés (E, G, H), 6–5 assortis s'avère meilleur qu'une paire de 6.

La prise de décision

Ces probabilités servent directement à prendre une décision. Il faut choisir de défendre le gros *blind* en payant, ou bien de l'abandonner. Qu'en pensez-vous ? En fait, vous avez besoin d'un outil supplémentaire : c'est le théorème des cotes qui vous donnera la solution.

A.B.

La vraie valeur de votre tapis : l'ICM

Le No Limit Hold 'em, variante de poker la plus pratiquée à l'heure actuelle, peut se jouer soit en partie d'argent (*cash game*) soit en tournoi à une table ou multi-table. Les prix attribués aux joueurs les mieux placés sont le plus souvent un pourcentage dégressif de l'enjeu. Comment appréhender une situation de tournoi récurrente où les joueurs sont à une place des prix (une place appelée communément « la bulle ») ?
La stratégie du joueur change constamment en fonction du ratio de son tapis face aux *blinds* et à la structure des prix. L'ICM, Independent Chip Model, est une théorie qui modélise la situation des joueurs en passe de gagner un tournoi. L'ICM est mathématiquement assez complexe, requiert l'outil informatique, et suppose que tous les joueurs sont de force égale (ce qui est réaliste à heut niveau).

L'ICM : comment ça marche

Dans un tournoi à dix joueurs où, au départ, chacun a payé 10 €, un *prize pool* de 100 € est constitué, réparti de la façon suivante : 1er, 50 € ;2e, 30 € ; 3e, 20 € ; les autres, 0. Pour 10 € d'inscription, votre tapis de départ est de deux mille jetons. Ainsi, chaque jeton de tournoi représente, au début, 10 / 2 000 = 0,5 centime. Mais lorsque vous finissez premier, vous possédez l'intégralité des vingt mille jetons initiaux, qui rapportent 50 €. La valeur d'un jeton de tournoi pour le vainqueur a été dévaluée de 50 %, puisqu'elle n'est plus que de 50 / 20 000 = 0,25 centime. En revanche, le 2e et 3e gagnent des euros alors qu'ils n'ont plus aucun jeton !

L'ICM établit justement le lien entre les tapis (jetons) et leur équivalent monétaire (prix). Il exprime que les chances de gagner le tournoi sont égales au rapport entre le tapis de chaque joueur et la totalité des jetons du tournoi.

Le rôle de l'équité

La décision de jouer une donne dépend de l'équité à l'échelle du tournoi, et non à l'échelle de la donne. L'*équité* E_i (espérance mathématique) d'un joueur i dans un tournoi est égale la somme pondérée des probabilités de finir à la place j par le gain associé W_j :

$$E_i = P_i^1 W_1 + P_i^2 W_2 + P_i^3 W_3 + \dots + P_i^k W_k,$$

où P_i^j est la probabilité que le joueur i finisse à la $j^{\text{ème}}$ place. Dans le cas proposé ci-contre, $W_1 = 50$, $W_2 = 30$, $W_3 = 20$ et $W_k = 0$ pour $k > 3$.

Ces probabilités se calculent (voir *Tangente* 121, pages 24 à 27) en faisant l'hypothèse, raisonnable, que la probabilité à l'instant t pour le joueur i de finir à une place j dépend uniquement du nombre de jetons que le joueur possède, de son tapis S_i, et de la somme des jetons du tournoi S (c'est précisément l'hypothèse, quantifiée, que tous les joueurs sont de force égale).

par Alexis Beuve

Le théorème des cotes

La prise de décision au poker dépend d'un nombre spectaculaire de paramètres. Parmi eux, les cotes financières, très utilisées par les parieurs. On les généralise au poker parce qu'elles sont directement exploitables en partie réelle.

Au poker, la variation d'un seul paramètre peut changer toute la configuration de la donne. Les probabilités sont, pour le joueur, une aide précieuse à la décision dans toutes les situations.

Dans un tour d'enchères donné, nous avons déjà payé X. L'unité monétaire est ramenée au montant du gros blind. Par exemple, au premier tour, X = 1 pour le gros blind, X = 1 / 2 pour le petit blind, et X = 0 aux autres positions. Un adversaire relance de R. Nous possédons une main qui offre des chances de gain de G %. Faut-il abandonner la mise initiale X sans combattre, ou bien payer la relance adverse pour défendre notre mise ?

© Andrey Armyagov – Fotolia.com

L'équation, sous sa forme la plus simple, lorsque nous ne sommes attaqués que par un seul adversaire, s'exprime en termes d'espérance : l'égalité entre les moyennes des gains qui peuvent être espérés dans le cas où l'on tente sa chance d'une part, et dans le cas où l'on abandonne la mise initiale d'autre part, se traduit mathématiquement par :

$$\left(R+\frac{3}{2}-X\right)\frac{G}{100}-R\left(1-\frac{G}{100}\right)=-X.$$

Cette équation, bien sympathique pour un mathématicien (niveau classe de première), permet de prendre une décision. Mais elle peut sembler compliquée à appliquer à la table. Voilà pourquoi, au poker, on raisonne avec les cotes financières. Transformons légèrement l'équation.

Les cotes financières

Soit M le montant du pot avant notre décision. Par exemple, au premier tour d'enchères, s'il n'y a qu'une seule relance, M = R + 1,5. Soit m le montant qu'il faut payer. Au premier tour d'enchères, s'il n'y a qu'une seule relance, m = R – X. L'équation se reformule en :

$$\left(\mathrm{M}+m\right)\frac{\mathrm{G}}{100}-m=0.$$

On obtient alors facilement le théorème des cotes : payer la relance adverse est la bonne décision si

$$\frac{\mathrm{M}}{\mathrm{m}}>\frac{100-\mathrm{G}}{\mathrm{G}}.$$

Cette présentation est différente d'un calcul d'espérance de gain : elle compare le ratio des montants (profits) [M : m] (dites « M contre m ») au ratio des probabilités (risques), [p(A) : p(B)], la « cote ». Cette dernière compare les horizons favorables B aux horizons défavorables A. Les chances de gain G % sont égales à p(B), soit :
card(B) / [Card(A) + Card(B)].
Les parieurs évoquent par exemple une cote de 2 contre 1 pour une relance à la hauteur du pot.

Troisième tour d'enchères

Voici le tableau à la *turn*. Il ne reste qu'une seule carte à découvrir (la *river*) après ce tour d'enchères. Notre main : A–D assortis, et un tirage de couleur « max ». Si la *river* est un carreau, nous avons un jeu très fort : une couleur par l'as. Les 7 ♦ et 3 ♦ poseraient éventuellement problème (*fulls* et carrés adverses possibles), mais pour simplifier, nous supposons que toutes les couleurs sont gagnantes.

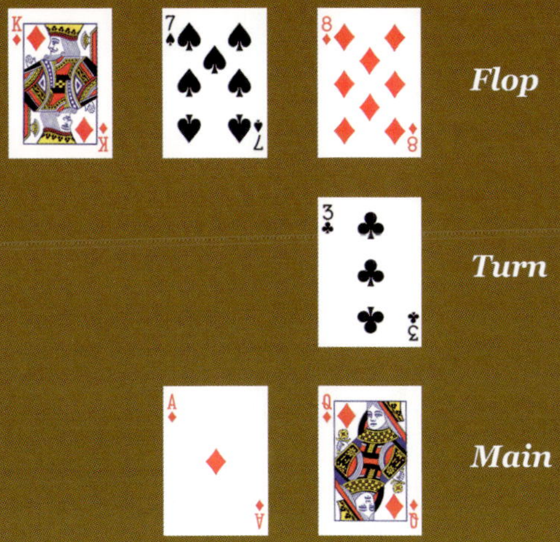

Une application concrète

C'est à la *turn*, troisième tour d'enchères, qu'elle est vraiment facile à appliquer, même mentalement. Au *flop*, c'est plus compliqué. Voici un exemple : il reste deux joueurs en lice (un seul adversaire). À ce stade, le montant du pot vaut 1 000. L'adversaire relance alors de 500. Est-il rentable de payer ? Soyons réalistes, il faut raisonnablement supposer que l'adversaire ne bluffe pas : il possède certainement déjà au moins une paire, par exemple avec R–x, 8–x, 7–x, ou une paire en main. Cette question se résout mentalement (si, si !) par les cotes.

Nous devons payer 500 pour gagner 1 500. La cote du pot vaut [1 500 : 500], c'est-à-dire 3 contre 1. Pour le tirage de couleur, il y a neuf cartes favorables sur quarante-six. Cela dit, il n'est pas déraisonnable de considérer que les as seraient aussi gagnants (la dame est un bon *kicker*). Le nombre de cartes favorables serait donc de douze, et la cote de la main vaut [(46 – 12) : 12], c'est-à-dire [34 : 12], ou bien 2,8 contre 1. En pratique, on se contentera de constater, sans aucun calcul, que cette cote est clairement inférieure à 3 contre 1 (soit 36 : 12), et donc qu'elle est meilleure. Par conséquent, le risque du tirage est couvert par la cote du pot.

Le profit provient de la cote du pot : nous pouvons gagner trois fois notre mise. Le risque provient du tirage : nous ratons dans une proportion de 2,8 contre 1. Le

Matrice de défense.
Abandonner la mise initiale ou payer la relance adverse ?
L'adversaire attaque avec l'une des mains encadrée en rouge. Nous possédons l'une des cent soixante-neuf mains de départ. Le tableau donne le montant de la relance adverse maximale que l'on peut tenir, en multiple du gros *blind*. Au-dessus, il faut passer et abandonner la mise.
Par exemple : avec 6–5 assortis en main, on peut payer une relance adverse jusqu'à 3,5 gros *blinds*. Une paire de 8 permettrait de sur-relancer.

Mains assorties

	A	R	D	V	10	9	8	7	6	5	4	3	2
A	RR	RR	RR	RR	RR	10+	10+	8	7	7	7	6	6
R	RR	RR	10+	10+	6	4	4	4	4	4	4	4	3½
D	RR	10+	RR	6	5	4	3½	3½	3½	3½	3	3	3
V	RR	6	4	RR	4	4	3½	3½	3	3	3	3	3
10	10+	4	3½	3½	RR	4	4	3½	3	3	3	3	3
9	10+	3½	3	3	3	RR	4	4	3½	3	3	3	3
8	6	3	3	3	3	3	RR	4	3½	3½	3	3	3
7	5	3	2½	2½	3	3	3	10+	4	3½	3	3	2½
6	5	3	2½	2½	2½	2½	3	3	10+	3½	3½	3	3
5	5	3	2½	2½	2½	2½	2½	3	3	10+	3½	3½	3
4	5	3	2½	2½	2½	2½	2½	2½	2½	3	8	3	3
3	5	3	2½	2½	2½	2½	2½	2½	2½	2½	2½	7	3
2	4	3	2½	2½	2½	2½	2½	2	2½	2½	2½	2½	7

Mains dissociées

profit étant objectivement supérieur au risque, il est rentable de payer l'enchère adverse plutôt que d'abandonner le coup. (En tournoi, ce serait beaucoup plus compliqué, à cause du montant des tapis.)
Attention toutefois : un joueur prudent ne compterait pas les as comme des cartes objectivement gagnantes (imaginez une paire 8-8 dans la main adverse !). Voici comment on procède : par exemple, les trois as ne compteraient que pour un *out*, et non trois (un *out* est une carte gagnante). Ce sont des *outs* « fractionnaires ». Dans ce cas, la cote de la main devient (46 – 10) : 10, c'est-à-dire 3,6 contre 1. Le risque est alors plus élevé que le profit : il vaut mieux passer. Cette donne illustre que nous sommes, une fois de plus, à la frontière de la rentabilité. La décision n'est pas aisée pour le joueur…

Introduction de paramètres plus fins

D'autres facteurs que le montant du pot et les chances de gain interviennent. L'influence de la position est gérée par le *gap* et l'*effet sandwich*, des concepts introduits par David Sklansky (champion de poker et mathématicien). Le modèle qui intègre ces nouveaux paramètres, établi par votre serviteur dans le traité *le Poker, au-delà du hasard* (Praxeo, 2008), devient :

$$R < \frac{X + \left(\frac{3}{2} - X\right)\frac{G - S_2}{S_1}}{1 - 2\frac{G - S_2}{S_1}}.$$

S_1 est une sécurité sur la position *post-flop*. Elle variera selon la distance au bouton. S_2 est quant à elle une sécurité sur la chance de gain ; elle intègrera l'effet sandwich et couvrira le risque de *squeeze* et de sur-relance d'un troisième joueur. L'équation permet d'établir les matrices de défense à toutes les positions, contre n'importe quel montant de relance, en fonction de la position et du tempérament du relanceur (plus ou moins agressif). Le tableau ci-dessus permet ainsi de savoir jusqu'où on peut payer (en multiple du gros *blind*) en position de gros *blind* contre la relance d'un seul adversaire, réputé prudent, placé au bouton. « RR » indique une possibilité de sur-relance.
Et cela n'est qu'un début : au poker, il y a bien des mathématiques partout !

A.B.

Jeux de société, jeux dans la société

Vivre dans une société organisée suppose d'accepter des règles communes, de les respecter, d'en exploiter les subtilités, de les tourner à son avantage. De là à simuler cette vie en s'adonnant à des jeux qui la schématisent, ou à créer un monde fantastique dans lequel l'imaginaire va être mis à contribution, il n'y a qu'un pas qui fait des jeux une composante essentielle de notre société. Certains jeux, comme les échecs et le go, ont traversé intacts les siècles et les frontières. Et voilà qu'aujourd'hui l'outil informatique est venu en modifier la pratique, rivalisant avec les plus grands champions ou permettant à d'immenses communautés de joueurs de participer à une même expérience ludique.

par Pierre Berloquin

De la persistance des règles de jeux

Une règle de jeu est un texte doté des moyens de préserver son contenu. Dès l'origine, la persistance de la règle implique une résistance contre l'érosion. Seul le développement d'une tactique gagnante ou d'une machine capable de battre tout joueur humain semble pouvoir faire disparaître le jeu et sa règle.

Cet article a initialement paru dans la revue trimestrielle Médium (n° 30, 2012).

Une règle de jeu n'est pas un document ordinaire. C'est un texte qui se transmet intact, dans le temps et dans l'espace, à travers les langues et les traductions, en conservant son contenu. Les mots et leur syntaxe peuvent évoluer ou être formulés dans d'autres langages avec des grammaires diverses sans rapport direct les unes avec les autres, sans que le jeu qu'elle décrive en subisse les conséquences. Il est préservé tel quel avec son déroulement et sa logique. De ce point de vue, une règle de jeu est une entité homéostatique abstraite, apparemment dotée des moyens de préserver son contenu. *[NDLR : L'homéostasie est l'aptitude d'un système à conserver son équilibre en dépit des contraintes qui agissent sur son environnement.]*

Le temps du jeu est un des moteurs principaux de la persistance de la règle.

La règle est ainsi le plus élémentaire et le plus ancien exemple de code actif, comme il sera utilisé et développé par l'informatique. À son niveau, ce code dépend étroitement des « porteurs » humains pour vivre et se répandre. Il accompagne l'homme à travers ses voyages et ses civilisations. Le Go passionne aujourd'hui les citoyens des démocraties actuelles comme il a passionné il y a quatre mille ans les empereurs chinois et leurs sujets, en mettant en scènes les mêmes gestes et les mêmes réflexions.

Le propos n'est pas de supposer à cette entité abstraite des pouvoirs surnaturels qui la feraient vivre sur un étrange plan de réalité, influant mystérieusement sur notre quotidien. Il est néanmoins inévitable d'analyser le fonctionnement d'un système d'existence qui a le pouvoir de mobiliser toutes les civilisations à toutes les époques. Les règles de jeu ne font pas que se transmettre d'une manière homéostatique, elles émergent et nous passionnent dans toutes les sociétés.

Six acteurs en jeu

La sphère d'action d'une règle de jeu va au-delà de la simple interaction entre les joueurs qui la pratiquent et s'affrontent dans une partie. Une règle de jeu se met en œuvre par un réseau social complexe, dont la description aide à comprendre sa persistance homéostatique. Elle réside au coeur d'un environnement dynamique impliquant plusieurs types d'acteurs. Les joueurs ne sont pas seuls en cause. Leur existence suppose et engendre au moins cinq autres catégories d'acteurs, ce qui aboutit à un total de six :

- les joueurs,
- les inventeurs de jeu,
- les stratèges,
- les arbitres,
- les spectateurs,
- les artisans fabricants.

Ces différents comportements sont distincts mais peuvent résider dans un même individu. Un inventeur peut être artisan, un stratège peut être spectateur, la fonction d'arbitre peut être assumée par les joueurs, *etc*. Ils peuvent ne pas apparaître clairement à chaque instant de la vie d'une règle mais ils sont toujours potentiellement présents, en tant que composants dynamiques qui portent la persistance de la règle.

Les *joueurs* concentrent l'attention des autres acteurs. En s'engageant physiquement et moralement, pendant une durée donnée, dans l'action du jeu, ils « se mettent en jeu » et entrent dans le spectacle régi par la règle du jeu. Qu'ils en soient les seuls spectateurs ou qu'ils en

aient de nombreux, ils se consacrent aux gestes du jeu pendant la partie qu'ils ont entamée en vivant le déroulement du jeu dans un temps qu'ils perçoivent différemment. Le *temps du jeu* est asservi à la règle. Il n'est plus celui qu'ils perçoivent hors du jeu. Il offre au joueur les bénéfices du passage dans un univers spatio-temporel différent de leur environnement historique quotidien, avec d'autres gestes, d'autres objets, d'autres références morales. Ce bénéfice est un des moteurs principaux de la persistance de la règle. Le jeu dégage momentanément la personne du joueur du poids de ses références habituelles, tout en lui offrant une meilleure perspective de retour à la réalité quotidienne que ses concurrents, les substances psychotropes : la perspective de « gagner », c'est-à-dire de revenir du jeu décoré du plaisir d'avoir prouvé sa valeur personnelle. Peu importe de parfois perdre puisque le jeu se reprend en un nombre indéfini de « parties ». Pour paraphraser Alfred Jarry au début du *Surmâle* (1902) : perdre est sans importance puisqu'on peut rejouer indéfiniment. La descente du jeu est toujours pleine d'espoirs, souvent satisfaisante, alors que la descente de l'alcool ne l'est jamais.

Les *spectateurs* du jeu, que les manuels du XVIIIe siècle appelaient la *galerie* quand ils assistaient à une partie de cartes, s'impliquent au moins par leur participation au temps du jeu, au plus en supportant certains joueurs comme leur champion, à l'extrême en s'engageant dans des paris sur l'issue de la partie. Leur bénéfice, sans être celui des joueurs, participe souvent de la même intensité.

Les *stratèges*, qui peuvent être des joueurs sans que ce soit nécessaire, ont une influence particulière sur la persistance de la règle. Prenant du recul sur le déroulement immédiat du jeu, ils produisent des tactiques permettant de gagner, sinon à coup sûr, du moins plus souvent. Leurs stratégies aident les joueurs à développer leur qualité de jeu et donc leurs espoirs de gains. Quand un joueur a intégré un tel ensemble de stratégie correspondant à une règle précise, il sera extrêmement réticent devant toute proposition de modification des termes de la règle. Il sera un facteur actif de la persistance. Le jeu d'Échecs est inchangé depuis plusieurs siècles, avec les six pièces de base : Roi, Reine, Fou, Cavalier, Tour et Pion. Or des dizaines d'autres pièces possibles ont été inventées et proposées, avec des déplacements et des actions différentes, qui pourraient renouveler le jeu. Elles sont parfois utilisées dans les problèmes statiques, mais aucun joueur n'a jamais accepté de les introduire dans son jeu, de crainte de perdre sa science acquise avec les pièces classiques.
Par contre, à sa limite, l'action du stratège est ambiguë : elle peut dépasser son soutien de la persistance et aller jusqu'à détruire le jeu. En effet, un jeu en tant que tel disparaît lorsqu'un stratège développe une tactique gagnante facile à mettre en œuvre. Le jeu de Nim, par exemple, a perdu immédiatement sa qualité de jeu à l'instant où un mathématicien a proposé une stratégie gagnante à coup sûr.

Les *inventeurs* ne sont pas toujours des joueurs passionnés mais, s'ils sont joueurs, ils sont volontiers tricheurs. Leur position de créateur modère leur respect pour la règle établie. Ils savent que la règle ne tombe pas du ciel, puisqu'ils connaissent les cheminements qui aboutissent à sa rédaction. Ils représentent donc, à la différence des acteurs précédents, des forces centrifuges qui tendent à l'éclatement de la règle ou à son déplacement. S'ils interviennent dans des parties et jouent réellement, ils ne s'interdisent pas de tricher, moins pour gagner que pour expérimenter des modifications de la règle de référence. Ou alors ils recrutent des partenaires pour explorer et valider la règle qu'ils sont en train de mettre au point et sont plus observateurs que joueurs. Dans les deux cas, les inventeurs ont trop de recul pour s'immerger dans l'univers ludique et sa recherche du gain. Ils se situent plutôt sur un autre plan, celui de la toute-puissance, dans le jeu de l'invention de jeux. À ce niveau, si les inventeurs étaient les seuls acteurs, la règle de jeu n'aurait pas de persistance durable puisque le créateur est dans une dynamique où il détruit sa création pour produire la suivante, tel le Zéphyrin Xirdal de Jules Verne se désintéressant de chaque expérience dès qu'elle fonctionne et la poussant hors de sa table où elle le gêne, prenant presque plaisir à l'entendre se briser. Les inventeurs sont artisans de la diversité, et non de la permanence.

Avec les *arbitres*, les forces redeviennent centripètes. Garants de l'intégrité de la règle et de sa permanence, ils ne doivent leur existence qu'à la persistence du texte de la règle. L'influence des arbitres n'est pas pour autant toujours positive. Confrontés aux difficultés de la mise en œuvre pratique du jeu,

Les temps de jeux des machines à sous sont dosés pour rester attractifs dans un minimum de durée.

ils peuvent être tentés d'alourdir la règle de base en lui ajoutant indéfiniment des articles de lois supplémentaires destinés à prévenir les infractions possibles. La règle du jeu d'échecs dans les tournois internationaux se leste, à chaque nouvelle rencontre, de paragraphes supplémentaires codifiant les attitudes des joueurs et du public. Le texte de la règle s'allonge pour tenter – sans succès, voir plus loin dans ce dossier – de prévenir les décisions difficiles des arbitres dans des cas imprévus.

Au sujet des arbitres, on pourrait être tenté de comparer la règle de jeu à la loi, dans la mesure où l'une et l'autre sont des textes qui interagissent avec les comportements humains. Il y a en fait une grande différence. La loi est beaucoup plus vulnérable et plus faiblement homéostatique, car trop liée aux us et coutumes d'une communauté et d'une époque. La règle de jeu bénéficie quant à elle de son apparente futilité pour mieux résister aux variations historiques et géographiques. Bien qu'étant au moins aussi (et parfois plus) contraignante qu'une loi, elle est vécue plus sereinement. En effet, un jeu et sa règle se situent dans un espace de temps circonscrit, dont le début et la fin sont précisés, tandis que la société baigne dans l'univers de la loi, sans avoir la possibilité de s'en évader, sinon, justement, par passage dans des temps de jeu, bien circonscrits. La règle de jeu apparaît ainsi comme l'antidote, le contre-poison de la loi, le contre-texte qui permet d'en supporter les contraintes. De plus, le jeu, dans sa fonction d'équilibre social, n'est pas lié à une loi, dont il serait le contre-poids *ad-hoc*. Sa richesse le rend propre à équilibrer de nombreux systèmes légaux, de diverses régions et de diverses époques. Il y a un temps du jeu, relativement universel, et des temps sociaux, étroitement liés à des instances historiques et géographiques.

Les *artisans*, enfin, sont plus que de simples fournisseurs d'objets utiles au jeu. Ils assurent la liaison entre l'abstraction de la règle et la réalité physique de l'action des joueurs en chargeant les objets de jeu du plaisir esthétique, tactile et éventuellement sonore de leur manipulation. Un grand joueur de Go exigera que la pose des pierres sur le *goban* produise des sons très précis, affirmant qu'ils sont indispensables à sa concentration.

Par contre, ils ont longtemps échoué à incarner la règle dans la matière, à produire des objets de jeu si proches de la règle que la lecture du texte n'est plus nécessaire et que les joueurs manipulant les objets ne peuvent qu'observer la règle. Nous ne pouvons qu'*imaginer* les règles de certains jeux qui nous viennent de l'Antiquité égyptienne sans leurs règles. Leurs objets se prêtent à de trop nombreuses interprétations possibles.

Les artisans parvinrent néanmoins, à partir du XVIIIe siècle, à introduire une discontinuité dans l'histoire du jeu, en faisant peu à peu migrer la règle, de l'esprit des joueurs, où elle résidait et était gérée, vers des mécanismes gérant les actions et les gains des joueurs. On peut choisir de dater le début de cette évolution à l'invention du billard dit *japonais*, acteur principal de ce saut qualitatif. Il présente une table percée de trous où les joueurs tentent d'envoyer une boule malgré des obstacles disposés sur le trajet. Le lancement de la boule est contrôlé par la machine, qui offre un conduit à parcourir avant d'accéder à la zone de jeu proprement dite. Par les trous, qui ont chacun une certaine valeur et conduisent à des bacs qui les affichent, le jeu-machine gère automatiquement les gains des joueurs. Il gère également l'action dans une large mesure en proposant de lancer la boule par un piston à ressort. Il est une première étape dans l'émergence du jeu-machine. Néanmoins, si la gestion des points est strictement contrôlée, l'action ne l'est pas puisque l'appareil ne fait que proposer l'usage du piston de lancement. Les joueurs peuvent prendre l'initiative d'introduire à la main directement la boule dans le trou de leur choix. Rien n'interdit non plus au joueur d'incliner l'ensemble du dispositif pour diriger la boule. La gestion du jeu par la machine est déjà présente, mais n'est pas encore toute puissante.

La machine et l'ère moderne

Le pas décisif de l'autonomie complète de la règle sera accompli un siècle et demi plus tard dans les années 1930–1940 par la cybernétique très rustique du billard électrique, la *pinball machine* de l'entreprise Gottlieb de Chicago, puis de Bally et William. Au piston à ressort et aux trous du billard japonais s'ajoute un système d'électro-aimants, élémentaire au départ, puis de plus en plus complexe, transmettant les décisions et les gestes des joueurs aux boules qui les représentent sur le terrain de jeu. Les pions des jeux de table traditionnels sont devenus des sphères roulant sur un damier interactif. Les règles de déplacement de ces nouveaux pions ne sont plus à lire, à apprendre et à respecter puisque la machine les incarne et ne transmet que les commandes câblées, donc légales. La tricherie qui consisterait à incliner (« tilter ») la machine pour modifier la dynamique des boules est gérée par un arbitre électrique et intégré : un pendule pend dans un cercle métallique et interrompt la partie s'il contacte le cercle.

> ***Perdre est sans importance puisqu'on peut rejouer indéfiniment.***

Désormais, le joueur n'est plus porteur de la règle. Sa marge de manœuvre est réduite au jeu lui-même. Il n'a plus accès à l'évolution de la règle. Il est exclu des rôles de création et d'arbitre. Il lui reste la stratégie, assez limitée dans ces jeux dominés par l'action. Par contre, les créateurs de jeux développent l'aspect spectaculaire. Affichages, lumières, images fantastiques, clignotants, sons organisent un étourdissement hollywoodien.

Cette première époque de jeux-machines ne propose pas de jeux de réflexion. Cette limite est due à la nécessité commerciale. Ce sont des machines « à sous » qui doivent être rentabilisées dans des lieux publics, donc occuper un maximum de joueurs dans un temps minimum. Les temps de jeux sont dosés pour rester attractifs dans un minimum de durée. Il est important d'attirer le plus grand nombre, qui sera plus facilement tenté d'engager son adresse manuelle que son quotient intellectuel. Une autre raison, plus fondamentale, tient au fonctionnement même de ces machines élémentaires, qui repose sur une dynamique de la chute. Après le lancement

de la bille vers le haut du tableau par un piston, le joueur s'efforce de marquer des points en retardant l'action de la gravité qui l'attire vers la perte finale au bas du tableau. Avant les développements de la cybernétique et de l'informatique, la gravité est la force la plus facilement disponible pour animer des actions automatiques. Jusque dans les années 1950, par exemple, dans les gares de triage de la SNCF, le parcours de chaque wagon est géré par une bille chutant à travers les électro-aimants d'un tableau vertical. Un jeu de réflexion s'accommode difficilement de ces contraintes.

Le pas suivant, l'incarnation de la règle d'un jeu de réflexion dans une machine, n'a pu être accompli qu'avec l'informatique. Les premiers jeux d'Échecs informatisés ont atteint le grand public au milieu des années 1970. L'informatique la plus simple permettait de réaliser des échiquiers interactifs, n'admettant que des déplacements de pièces strictement légaux. Le jeu traditionnel des Échecs a été le premier grand succès de l'informatique grand public.

Curieusement, alors qu'il aurait suffi d'ajouter quelques lignes au programme de la machine pour offrir des variantes des Échecs, avec des règles et des pièces innovantes, aucun producteur ne l'a proposé sur le marché et les joueurs n'ont pas semblé le souhaiter. On ne peut voir là qu'une manifestation ultime de la propriété homéostatique de la règle. Malgré l'attrait de la technique, malgré les pressions du marché pour les nouveautés, la règle subsiste ici encore intacte et immuable. Une dizaine d'années plus tard, le logiciel Le Cavalier de la Nuit, sur Macintosh, qui permettait de créer de nouvelles pièces à loisir pour les introduire dans une partie d'Échecs, fut un échec commercial. Une règle équilibrée retrouve son point d'équilibre dans les environnements adverses les plus variés.

L'informatique a proposé d'emblée, avec l'incarnation de la règle d'Échecs, de prendre la place d'un des joueurs. Doit-on considérer cette initiative comme un abus de pouvoir de la technologie ? Devait-on s'attendre à ce que les joueurs refusent de s'affronter à des machines ? En fait nous sommes toujours dans le même parcours, où la règle de jeu maintient son homéostasie. Dès l'origine, la persistence de la règle implique une résistance contre l'érosion, un affrontement réussi contre les forces centrifuges qui entreprennent de la modifier ou la déplacer. Le système des acteurs impliqués aboutit à soutenir l'affrontement en ramenant sans cesse la règle à son point d'équilibre. Quand l'informatique entre en jeu, l'aspect extérieur évolue pour présenter une interface différente mais les forces vives restent les mêmes, quitte à ce que des métiers évoluent comme lorsque l'artisan devient en partie programmeur. Or, devenant programmeur, l'artisan est porteur des possibilités du code interactif. Il est tout naturellement amené à doter la règle d'une interactivité qui va lui permettre de s'affronter au joueur. Tout se passe comme si la règle, dépassant sa traditionnelle passivité de pendule, qui revient à son point d'équilibre par gravité et inertie, en vient à jouer elle-même sa survie contre le joueur. Mais elle entre du même coup dans une zone à risque. Si l'artisan, tel le stratège évoqué plus haut, va trop loin et dote la règle de tactiques lui permettant de vaincre le joueur humain chaque fois à coup sûr, le jeu disparaît et la règle aboutit à la fin de son histoire.

P.B.

par Philippe Boulanger

Le meilleur coup aux échecs

Pour déterminer le meilleur coup aux échecs, il faut tenir compte de la force de l'adversaire. Une position d'échecs célèbre illustrera notre propos, et montrera la différence entre un joueur humain qui exploite la psychologie et une machine programmée purement rationnelle.

Au second tournoi de programmes d'échecs en 1977, à Toronto, le programme soviétique Kaissa joua avec les noirs au 34e coup Te8 (voir l'encadré consacré à la notation des coups aux échecs). L'assistance fut frappée de stupeur. Tout le monde pensait qu'il y avait un *bug* dans le programme de Kaissa, qui sacrifiait une tour alors que le coup évident (?) était Rg7 !

Il fallut que, le lendemain, un grand maître explique qu'après 34… Rg7, les

1. e4 d5	10. O-O e6	19. Cxe4 dxe4	28. Tac1 Ff6	36. g5 Fd8	45. d5 Cb5
2. exd5 Cf6	11. Db3 b6	20. cxb6 cxb6	29. Db3 a5	37. Fc4 De7	46. Ff3 Rd7
3. d4 Cxd5	12. Cxd5 exd5	21. Tec1 Cd7	30. g4 De6	38. Dxe7 Cxe7	47. a4 Cd6
4. Cf3 g6	13. Fg5 Dd7	22. Fg4 Dd5	31. Tc6 a4	39. Ff4 Cf5	48. Tc6 Cf5
5. Fe2 Fg7	14. h3 Ff5	23. Dc6 Cf6	32. Dxa4 Td6	40. Fd5 Rf8	1-0
6. c4 Cb6	15. Dc3 Te8	24. Fe2 Tad8	33. Txd6 Dxd6	41. Tc8 Re7	
7. Cc3 O-O	16. Tfe1 Fe4	25. Da4 Te7	34. Da8+ Te8	42. Tc4 Cg7	
8. Fe3 Fg4	17. Cd2 Df5	26. Fb5 Df5	35. Dxe8+	43. Fxe4 Ce6	
9. c5 Cd5	18. Fe3 De6	27. Tc2 Cd5	Rg7	44. Fe3 Cc7	

blancs faisaient mat par 35.Df8+!! Rxf8, 36.Fh6+ Rg8, 37.Tc8+ et les noirs devraient abandonner car les blancs matent en deux coups. C'est bien ce qu'avait vu Kaissa.
En définitive, Duchess gagna la partie en quarante-huit coups (voir tableau ci-dessous).
Avec une tour en moins, Kaissa ne pouvait espérer gagner, tout au plus retarder l'échéance, mais à quel prix ! L'ordinateur jouait (et joue encore aujourd'hui) d'une manière parfaitement rationnelle, c'est-à-dire comme si son adversaire jouait aussi bien que lui : ce n'est certainement pas ainsi qu'un joueur humain se serait comporté car, même s'il avait discerné le mat, il aurait espéré que son adversaire ne le verrait pas et n'aurait certainement pas sacrifié une pièce maîtresse…

Les changements induits par les ordinateurs

La toute puissance des ordinateurs changent le jeu d'échecs. Par exemple, les parties ne sont plus remises (les joueurs ont joué le nombre requis de coups dans le temps imparti, par exemple quarante coups en 1 h 30), car les joueurs n'auraient plus guère de rôle face aux programmes. Similairement, les championnats par correspondance ont été supprimés.
On connaît aussi le rôle que la triche peut jouer dans les matchs entre champions : il suffit de les prévenir par un clin d'œil que la position mérite une étude approfondie, comme l'a montré l'ordinateur, et cette aide dans la gestion du temps est frauduleuse mais primordiale. Dans l'édition de mai 1994 de Gambisco, le spécialiste des programmes d'échecs Pierre Nolot a publié onze positions réputées insolubles par des ordinateurs, mais cependant trouvées par des joueurs en condition de tournoi. Toutes sont aujourd'hui résolues par les programmes. Vous pouvez essayer de déterminer ce qu'a fait Kasparov au vingt-sixième coup dans la position ci-dessous :

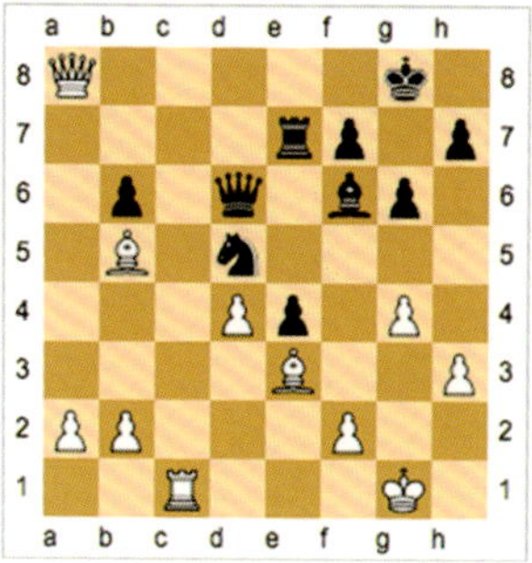

Kasparov–Karpov, 1990 (vingtième partie).

Voici le déroulement de la partie :
Pierre Nolot nous a communiqué la position suivante, qui résiste encore à l'ordinateur. Elle est l'œuvre de Mihai Neghana et Peter Martan.

1. e4 e5
2. Cf3 Cc6
3. Fb5 a6
4. Fa4 Cf6
5. 0-0 Fe7
6. Te1 b5
7. Fb3 d6
8. c3 0-0
9. h3 Fb7
10. d4 Te8
11. Cbd2 Ff8
12. a4 h6
13. Fc2 exd4
14. cxd4 Cb4
15. Fb1 c5
16. d5 Cd7
17. Ta3 f5
18. Tae3 Cf6
19. Ch2 Rh8
20. b3 bxa4
21. bxa4 c4
22. Fb2 fxe4
23. Cxe4 Cfxd5
24. Tg3 Te6
25. Cg4 De8.
26. Cxh6 !! c3
27. Cf5 !! cxb2
28. Dg4 ! Fc8 !
29. Dh4+ Th6
30. Cxh6 gxh6
31. Rh2 !! De5
32. Cg5 ! Df6
33. Te8 ! Ff5
34. Dxh6+ !! (La salle applaudit.) Dxh6
35. Cf7+ Rh7
36. Fxf5+ Dg6
37. Fxg6+ Rg7
38. Txa8 Fe7
39. Tb8 a5
40. Fe4+ Rxf7
41. Fxd5+ Les noirs abandonnent.

La notation algébrique

La notation officielle de la Fédération internationale des échecs pour décrire les coups joués est la *notation algébrique*. Les huit colonnes sont repérées par des lettres (de « a » à « h »), et les huit rangées par des chiffres (de « 1 » à « 8 »). Ce système de coordonnées permet de repérer chaque case de l'échiquier, de manière non ambiguë. Conventionnellement, on oriente l'échiquier en plaçant les blancs horizontalement et « en bas ». La case du bas à gauche se note alors a1, celle du haut à droite est h8. Enfin, les pièces sont représentées par les lettres suivantes : R (roi), D (dame), T (tour), F (fou) et C (cavalier). En l'absence d'une de ces lettres, la pièce désignée est un pion.

Pour noter le coup d'un joueur, on indique le numéro du coup, la lettre représentant la pièce, les coordonnées de la pièce de départ (parfois omises), la prise (x), la prise en passant (e.p.) ou le simple déplacement (-), les coordonnées de la case d'arrivée et la promotion s'il y a lieu. Par exemple, 12. Fc8xf5 signifie qu'au douzième coup le fou qui était en c8 est allé en f5 en prenant la pièce qui se trouvait sur cette case. Le coup des blancs figure en premier, suivi du coup des noirs.

À la suite d'une interruption de la notation, le numéro du coup est suivi de points de suspension pour indiquer que ce sont les noirs qui jouent. Enfin, certains évènements ou commentaires sont notés de façon abrégée : + (échec au roi), # (échec et mat), 0-0 (petit roque), 0-0-0 (grand roque), ! (bon coup), !! (très bon coup), ? (mauvais coup), ?? (très mauvais coup)…

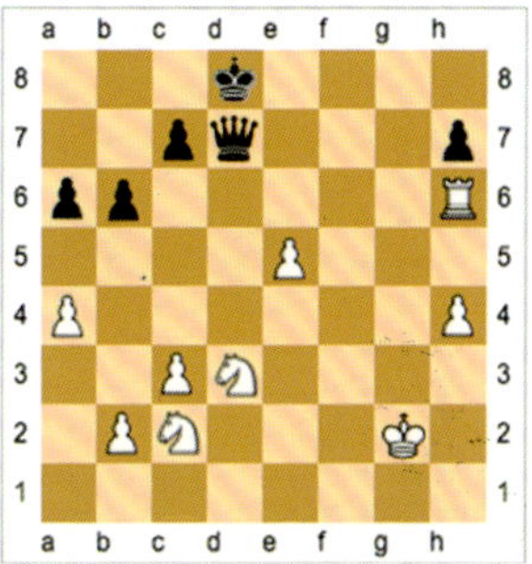

La solution est de « coincer » la reine (voir l'encadré ci-dessous).

En dépit de la supériorité des programmes, les joueurs d'échecs continuent à aimer le jeu. C'est qu'ils jouent en fonction de leur adversaire, et leur psychologie est plus « rationnelle » que celle des ordinateurs. Nul ne sait si les ordinateurs pourraient apprendre à jouer comme les humains, mais ils nous ont appris à mieux définir le meilleur coup.

P.B.

1. Cd4 Dg7+
2. Rh3 Dxh6
3. Cf4 Rc8
(3… Rd7
4. Cde6 Rc6
(4… Dxe6+
5. Cxe6 Rxe6
6. Rg4 Rxe5
7. Rg5)
(4… b5
5. a5 Rc6
6. h5 b4
7. c4 Rb7
8. Rg4 Rb8
9. Rf5 Rb7
10. Re4 Rc6
11. b3 Rd7
12. Rd5)
(4… c5
5. Rg3 Rc6
6. h5 a5
7. c4 Rd7
8. Rf3 Rc6
9. Re4 Rb7
10. Rd5 Ra7
11. Rc6 Ra6
12. Rd6 Rb7
13. Rd7 Ra7
14. Rc7 Ra6
15. Rb8)
(4… a5
5. h5 c6
6. Rg3 Rc8
7. Rf3 Rd7
8. Re4 Rc8
9. c4 Rb8
10. Rd4 Ra7
11. c5 Ra6
12. Rc4 Ra7
13. cxb6+ Rxb6
14. Rd4 c5+
15. Rd5 c4
16. Rxc4 Rc6
17. b4 axb4
18. Rxb4)
5. h5 b5
6. a5 Rd7
7. Rg3 c6
8. Rf3 Rc8
9. Re4)
4. Cde6 Rb7
5. h5 c5
(5… c6
6. Rg3 Rc8
7. Rf3 Rb8
8. Re4 a5
(8… Rb7
9. c4 Rb8
10. b4 Rc8
11. Rd4 Rb8
12. b5 Rb7
13. Re4 a5
14. Rd4 cxb5
15. cxb5 Rc8
16. Re4 Rb8
17. Rd5 Rb7
18. Rd6)
9. c4 Rc8
(9… Ra7
10. c5 bxc5
11. Rd3 Rb8
12. Rc4 Rc8
13. Rxc5)
10. Rd4 Rb7
11. c5 Ra7
12. Rc4 Ra6
13. cxb6 Rxb6
14. Rd4 c5+
15. Rd5)
(5… Rc6
6. Rg3 b5
7. a5 b4
8. c4 b3
9. Rf3 Rb7
10. Re4 Rc8
11. Rd4)
(5… a5
6. Rg4 Rc6
7. c4 Rb7
8. Rf5 c6
9. Re4 b5
10. axb5 cxb5
11. c5 Rc6
12. Rd4 a4
13. Rc3)
6. Rg4 c4
(6… Rc6
7. Rf3 b5
(7… a5
8. c4)
(7… Rd7
8. Re3 Rc6
9. Re4)
8. a5 c4
9. Re4 b4
10. Rd4 Rb5
11. Rd5 bxc3
12. bxc3 Rxa5
13. Rxc4)
(6… Rc6
7. Rf3)
7. Rf5 Rc6
8. Re4 b5
9. axb5+ axb5
(9… Rxb5
10. Rd4 a5
11. Rd5 a4
12. Rd4 Rc6
13. Rxc4)
10. Rd4 Rb6
11. Rd5 Ra5
12. Rc5 Ra6
13. Rc6 Ra5
14. Rb7 b4
15. Rc6 bxc3
16. bxc3 Ra4
17. Rc5 Rb3
18. Rd4 Rc2
19. Rxc4 1-0

Le jeu de Hex

Grâce à ses règles simples, le jeu de Hex est un merveilleux outil pour lever le voile sur certains aspects des mathématiques abstraites. Par exemple, on démontre qu'il existe une stratégie gagnante pour le premier joueur, mais personne ne l'a encore trouvée !

Le jeu de Hex, introduit successivement par Piet Hein en 1942 sous le nom Polygon puis en 1948 par John Nash, se joue à deux avec des pions noirs et des pions blancs sur un plateau en forme de losange pavé par des hexagones. Deux bords opposés du plateau sont blancs et les deux autres sont noirs. Il existe des plateaux de différentes tailles ; le jeu récemment édité par le Comité international des jeux mathématiques propose des plateaux de tailles 9, 11, 14 et 19.

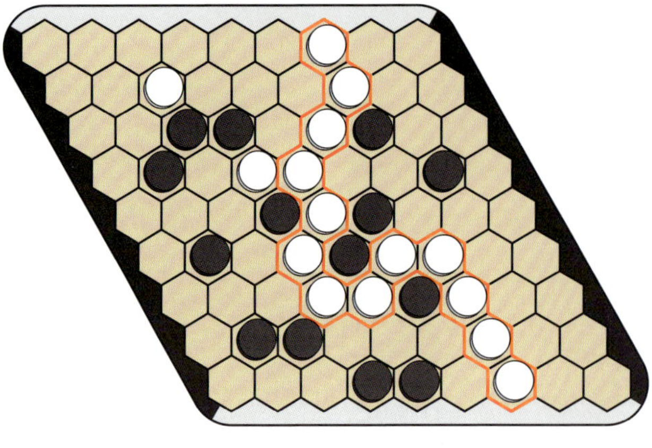

La règle du jeu

L'un des deux joueurs a les blancs. L'autre a les noirs. Le joueur qui a les pions blancs commence. Il place un de ses pions sur une case de son choix. Ensuite, chaque joueur place à son tour un de ses pions sur une case libre de son choix. Le premier joueur à avoir relié les deux bords de sa couleur avec ses pions a gagné. Dans la partie ci-contre, les blancs ont gagné car un chemin de pions blancs relie les deux bords blancs.

Il ne peut pas y avoir de partie nulle au jeu de Hex. En effet, que serait une partie nulle ? Ce serait une partie où tout le plateau serait rempli de pions blancs et noirs (sinon, on pourrait continuer à jouer), mais où aucun chemin blanc entre les deux bords blancs ou noir entre les deux bords noirs ne serait présent (il ne peut pas y avoir en même temps un chemin blanc reliant les bords blancs et un chemin noir reliant les bords noirs ; en effet, si deux tels chemins existaient, ils se « croiseraient » forcément).

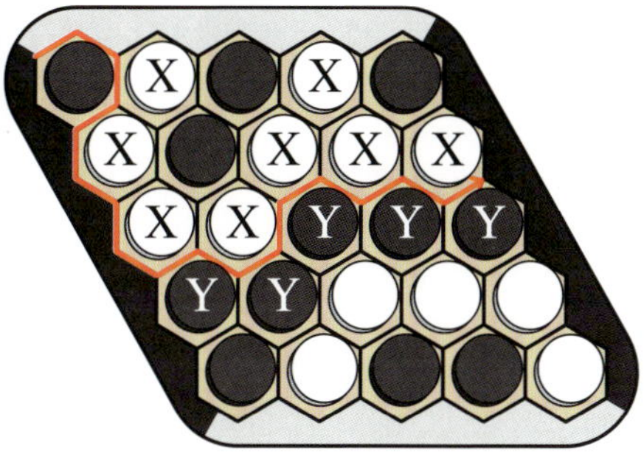

L'idée intuitive est que, lorsque le plateau est rempli, si l'on regarde l'ensemble des pions blancs (X) liés au bord blanc du haut, alors, soit il touche le bord blanc du bas et les blancs ont gagné, soit il ne le touche pas et cet ensemble a une frontière de pions noirs (Y) qui relie alors les deux bords noirs, et les noirs ont gagné. Pour prouver ce résultat de façon rigoureuse, on va supposer qu'une fourmi part du coin en haut à gauche et se déplace en suivant la règle suivante :

- si elle rencontre le bord du bas ou le bord de droite, elle s'arrête ;
- sinon, elle avance en laissant du blanc (un pion ou un bord) à sa gauche et du noir à sa droite (un pion ou un bord).

Par exemple, dans l'exemple précédent, elle aurait suivi le chemin marqué en rouge. Alors (les diagrammes se lisent à rotations près) :

- La fourmi peut partir dans tous les cas du coin en haut à gauche, mais jamais y revenir (en effet, il n'y a pas de chemin qui revient en haut à gauche avec du blanc à gauche et du noir à droite).

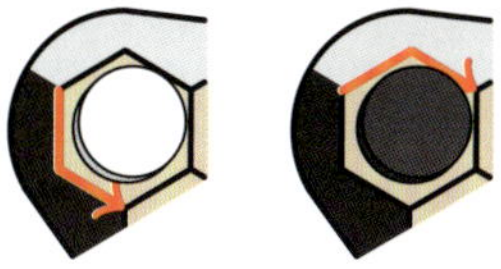

- Dans tous les cas de figure, en chaque sommet qui n'est pas dans un coin, il y a soit exactement une entrée et une sortie :

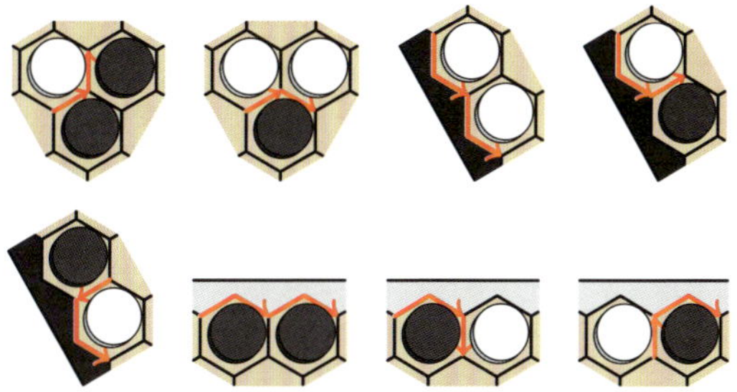

- soit aucune entrée et aucune sortie :

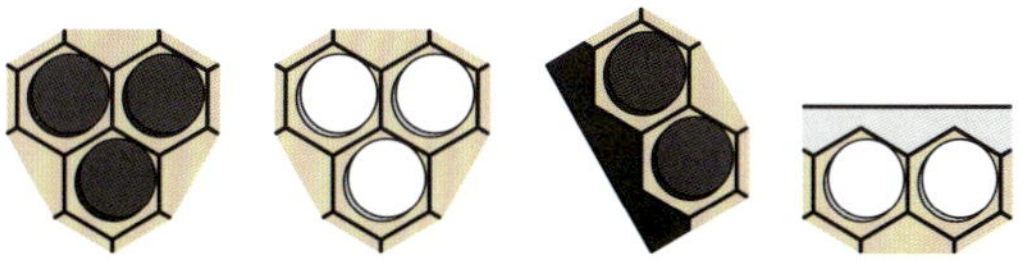

Par conséquent, la fourmi peut toujours avancer tant qu'elle n'a pas atteint le bord du bas ou de droite, et elle ne peut pas revenir deux fois au même endroit (en effet, la première fois où elle reviendrait à un endroit déjà visité, cela signifierait que le sommet en question a deux entrées). Du coup, comme le nombre de sommets est fini, son trajet ne peut pas être infini et on en déduit qu'elle atteindra obligatoirement à un moment le bord de droite ou le bord du bas. Supposons qu'elle atteigne le bord de droite en premier. Regardons le chemin qu'elle a parcouru depuis la dernière fois où elle a quitté le bord de gauche (comme elle était au début sur le bord de gauche, elle l'a au moins quitté une fois). Ce chemin est entièrement bordé de noir à droite puisque la fourmi laisse toujours du noir sur sa droite. Comme elle n'est pas passée par l'un des bords noirs pendant cette partie de son trajet, le noir qu'elle avait à sa droite était forcément constitué de pions. Du coup il y a un chemin de pions noirs reliant les deux bords noirs.

***Hex est un jeu passionnant en lui-même,
tant pour le mathématicien
que pour le non initié.
Claude Berge***

Si elle atteint le bord du bas en premier, on peut montrer de la même façon qu'il y a un chemin de pions blancs reliant les deux bords blancs. On a donc bien prouvé qu'il y a soit un chemin blanc reliant les bords blancs, soit un chemin noir reliant les bords noirs lorsque le plateau est rempli. Il ne peut donc pas y avoir de partie nulle. Voici un autre exemple, pour se convaincre :

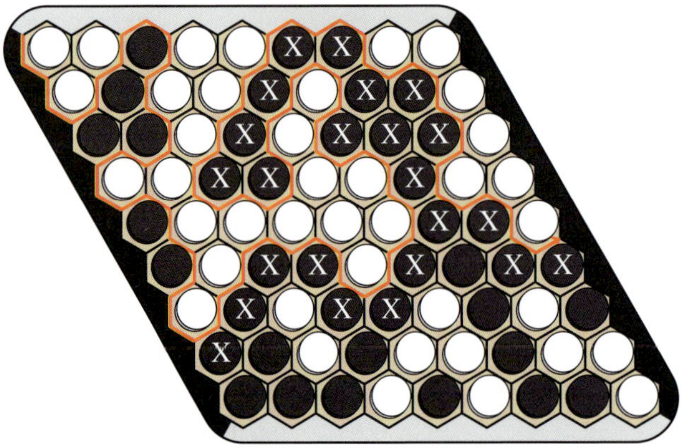

La dernière partie du trajet rouge est bordée à droite de pions noirs X qui relient les deux bords noirs (on trouve un chemin noir parmi d'autres, et ce n'est pas forcément le plus court).

Stratégie gagnante pour les blancs

Nous allons voir maintenant qu'il existe une stratégie qui permet de gagner à tous les coups pour les blancs (sur n'importe quelle taille de plateau). Malheureusement, mis à part le cas des petits plateaux, personne ne connaît cette stratégie ! On se place dans le cas des règles les plus simples (les blancs peuvent jouer n'importe où au premier coup et les noirs n'ont pas le droit d'échanger).
Cette preuve est le cas d'école de ce que l'on appelle en mathématiques une preuve non constructive. On prouve indubitablement que les blancs ont une stratégie gagnante, mais sans pouvoir expliciter cette stratégie.
Tout d'abord, à un tel jeu, où il n'y a pas de partie nulle, et où les deux joueurs ont une information complète, sans hasard, soit les blancs ont une stratégie gagnante, soit les noirs en ont une. Supposons donc que les noirs aient une stratégie gagnante. Autrement dit, quel que soit le premier coup des blancs, ils ont un meilleur coup (qui dépend du premier coup). Ensuite, quel que soit le deuxième coup des blancs, ils ont un meilleur coup, et ainsi de suite jusqu'à la fin de la partie où ils auront gagné. Par exemple, on suppose que le début d'une suite de meilleurs coups pour les noirs est donné par le schéma de la page suivante.
Maintenant, supposons, juste pour un instant, que les noirs commencent la partie. Laissons-les alors placer un pion où ils le souhaitent, et appelons ce pion le « pion joker » (par exemple en bas à gauche). Ensuite, les blancs jouent où ils veulent (comme nous cherchons une stratégie gagnante pour les noirs, on doit en fait envisager tous les coups possibles pour les blancs).
Les noirs, s'ils oublient le pion joker, ont, d'après l'hypothèse, un meilleur coup qui les ferait gagner.
De deux choses l'une :

- soit leur meilleur coup n'est pas au même endroit que le pion joker. Dans ce cas, ils jouent ce meilleur coup et leur pion joker reste le même pion ;
- soit leur meilleur coup est au même endroit que le pion joker. Dans ce cas, ils posent leur nouveau pion sur n'importe quelle case libre et il devient le pion joker. L'ancien pion joker devient un pion normal. De cette façon, ils se retrouvent dans la même situation que s'ils avaient depuis le début de la partie comme pion joker ce nouveau pion joker et s'ils avaient toujours appliqué la règle précédente.

Reprenons notre exemple :

Premier coup blanc

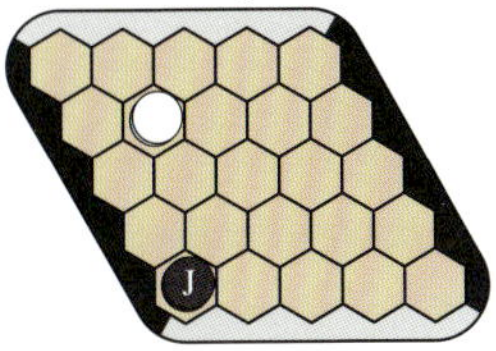

Meilleur coup noir

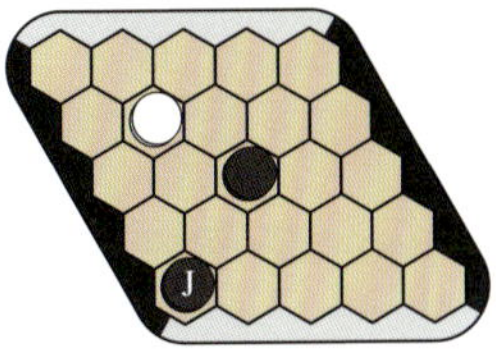

Deuxième coup blanc

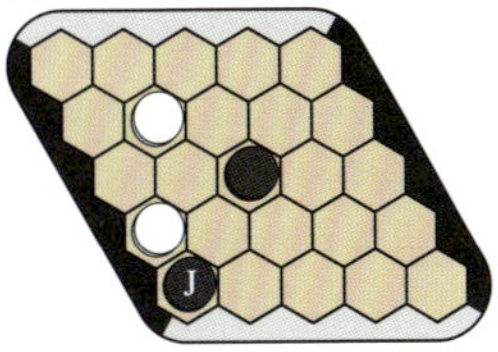

Changement de joker

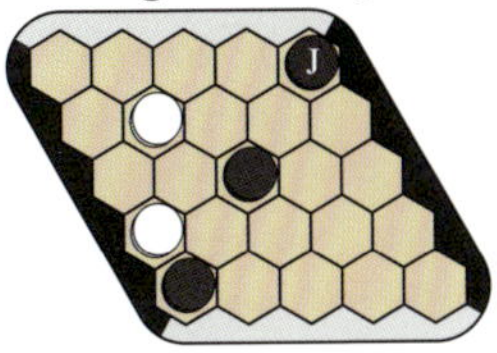

Troisième coup blanc

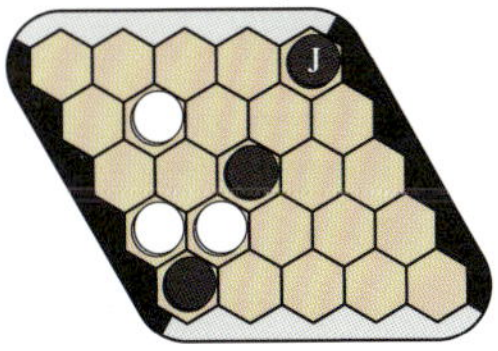

Meilleur coup noir

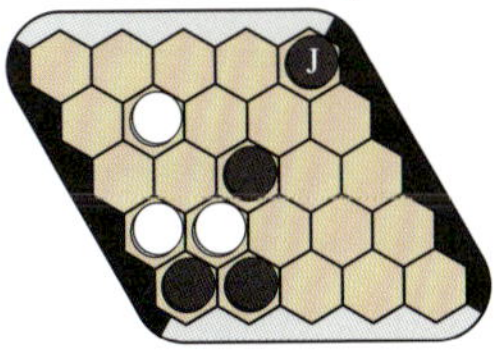

Le jeu de Hex édité par le CIJM. Il comprend quatre plateaux de dimensions 9, 11, 14 et 19.

Les noirs vont donc jouer une partie qui ressemblera en tout point à une partie où les blancs ont commencé et où les noirs ont suivi leur stratégie gagnante, si ce n'est qu'ils ont un pion joker en plus. Il est facile de voir qu'un pion supplémentaire ne fait jamais perdre et n'empêche jamais de gagner au jeu de Hex. Finalement les noirs ont une stratégie gagnante aussi s'ils commencent.

Bien entendu, le jeu est symétrique. Du coup, les blancs ont aussi une stratégie gagnante s'ils commencent, ce qui contredit l'hypothèse que les noirs en avaient une. Et cela termine la preuve.

L. D. & M. L.

Premier coup blanc

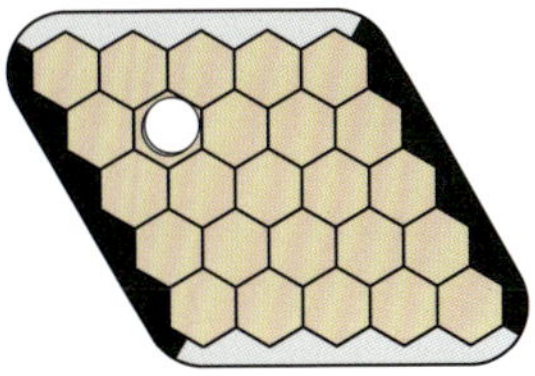

Meilleur coup noir

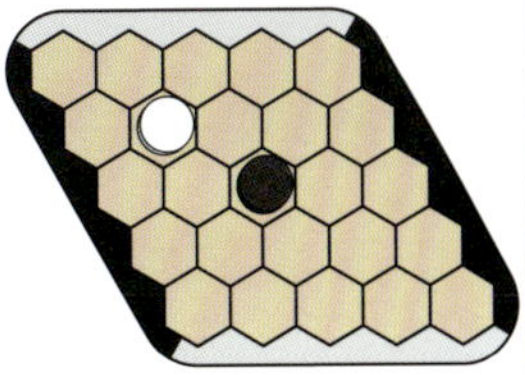

Deuxième coup blanc

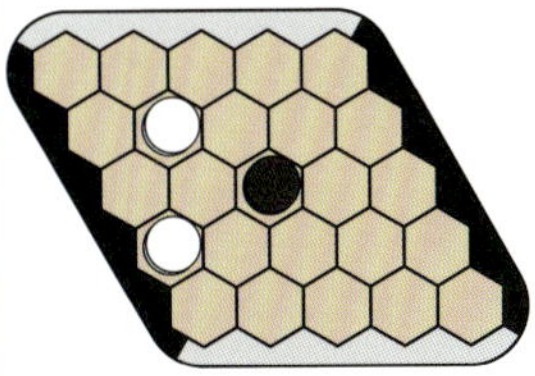

Meilleur coup noir

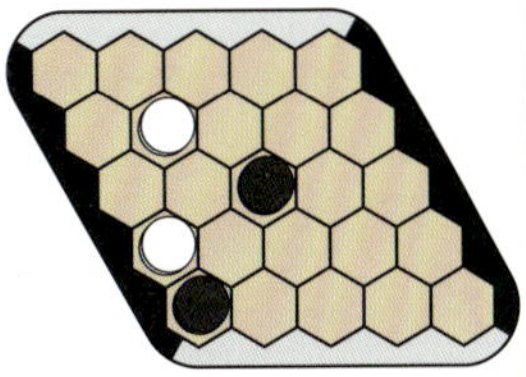

Troisième coup blanc

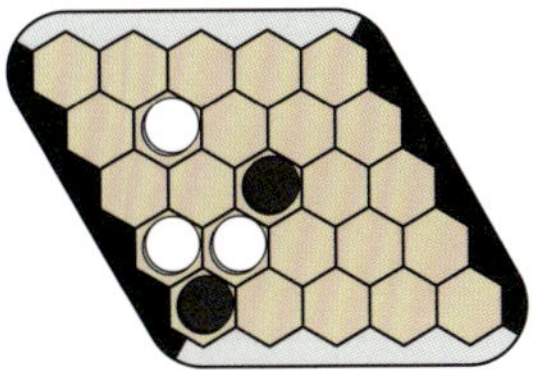

Meilleur coup noir

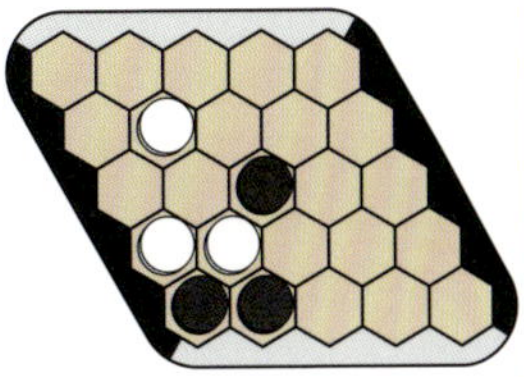

Enquête sur *la Récréation mathématicque*

RECREATION MATHEMATICQVE. COMPOSEE DE PLVSIEVRS PROBLEMES PLAISANTS ET FACETIEVX. En faict d'Arithmeticque Geometrie, Mechanicque, Opticque, & autres parties de ces belles sciences.

AV PONT-A-MOVSSON, Par IEAN APPIER HANZELET, Imprimeur & Graueur de Son ALTESSE, & de l'Vniuersité.

M. DC. XXVI.

Fac-similé de l'édition de 1626, publié en 1952 par la Société des fonderies de Pont-à-Mousson.

La première édition des *Problèmes plaisants et délectables* de Bachet de Méziriac (1581–1638) remonte à 1612, et la deuxième à 1624. Cette même année est publié un autre recueil de récréations mathématiques, *Récréation mathématicque*, d'un certain Leurechon.
Si les influences et la postérité de ce livre sont bien connues, il n'en est pas de même de l'identité de son auteur. Un philosophe belge, Albrecht Heeffer, s'est particulièrement intéressé à cet ouvrage, puisqu'il a fait de son étude l'objet de sa thèse de doctorat. L'ouvrage, qui contient environ 90 énoncés de problèmes, reprend de nombreux problèmes de Bachet, notamment dans les domaines de l'arithmétique et de la combinatoire. D'autres problèmes trouvent leur source chez des auteurs tels que Jean Errard, Salomon de Caus ou Alexis du Piémont. La page de titre ne mentionne aucun nom d'auteur et la préface est signée H. Van Etten.

© Édouard Thomas

Albrecht Heeffer au Congrès international de logique, de méthodologie et de philosophie des sciences (Nancy, 20 juillet 2011).

En dépit de cette absence de nom d'auteur, l'ouvrage est attribué depuis le XVIIe siècle, par des contemporains, à un jésuite mathématicien : le père Jean Leurechon (1591–1670), qui, après des études à Nancy, enseigne les mathématiques à Pont-à-Mousson entre 1814 et 1827. Le doute subsiste au sujet du préfacier, Henri (ou Hendrik) Van Etten. A-t-il réellement existé ou est-ce un pseudonyme pris par Leurechon ? Certains auteurs voient en Van Etten une neveu et élève de Leurechon et le véritable auteur du recueil. D'autres enfin attribuent *la Récréation mathématicque* à Jean Appier Hanzelet, dont le nom figure en tant qu'*« imprimeur et graveur de Son Altesse, et de l'Université, au Pont-à-Mousson »*.

Ce livre sera à l'origine de très nombreuses éditions de recueils de récréations mathématiques jusqu'à la fin du XVIIIe siècle. Des auteurs comme Mydorge, Guyot, puis Ozanam et Montucla publieront des recueils de récréations mathématiques et physiques qui auront leur origine dans le livre de Leurechon, que chaque auteur enrichira d'ajouts et de commentaires, si bien que les dernières éditions compteront jusqu'à quatre tomes.

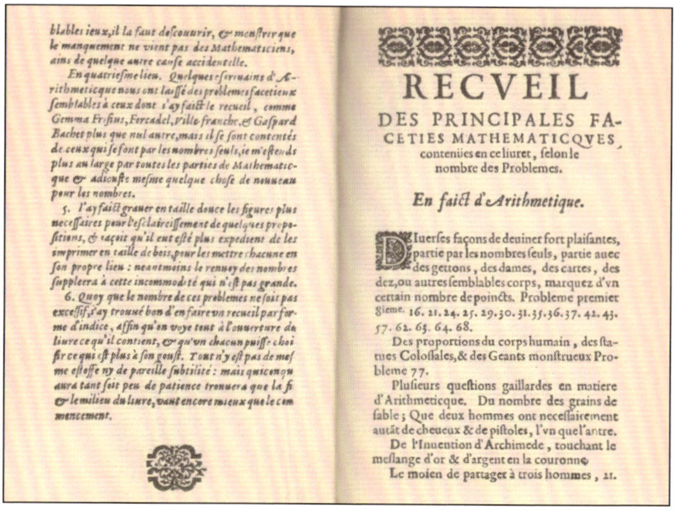
blables ieux, il la faut descouurir, & monstrer que le manquement ne vient pas des Mathematiciens, ains de quelque autre cause accidentelle.

En quatriesme lieu. Quelques escriuains d'Arithmeticque nous ont laissé des problemes facetieux semblables à ceux dont i'ay faict le recueil, comme Gemma Frisius, Forcadel, Ville-franche, & Gaspard Bachet plus que nul autre, mais il se sont contentés de ceux qui se font par les nombres seuls, ie m'estends plus au large par toutes les parties de Mathematicque & adiouste mesme quelque chose de nouueau pour les nombres.

5. I'ay faict grauer en taille douce les figures plus necessaires pour l'esclaircissement de quelques propositions, & iaçoit qu'il eut esté plus expedient de les imprimer en taille de bois, pour les mettre chacune en son propre lieu : neantmoins le renuoy des nombres suppleera à cette incommodité qui n'est pas grande.

6. Quoy que le nombre de ces problemes ne soit pas excessif, i'ay trouué bon d'en faire vn recueil par forme d'indice, affin qu'on voye tout à l'ouuerture du liure ce qu'il contient, & qu'vn chacun puisse choisir ce qui est plus à son goust. Tout n'y est pas de mesme estoffe ny de pareille subtilité : mais quiconqu aura tant soit peu de patience trouuera que la fi & le milieu du liure, vaut encore mieux que le commencement.

RECVEIL DES PRINCIPALES FACETIES MATHEMATICQVES, contenües en ce liuret, selon le nombre des Problemes.

En faict d'Arithmetique.

Diuerses façons de deuiner fort plaisantes, partie par les nombres seuls, partie auec des gettons, des dames, des cartes, des dez, ou autres semblables corps, marquez d'vn certain nombre de poincts. Probleme premier 8ieme. 16. 21. 24. 25. 29. 30. 31. 35. 36. 37. 42. 43. 57. 62. 63. 64. 68.

Des proportions du corps humain, des statues Colossales, & des Geants monstrueux Probleme 77.

Plusieurs questions gaillardes en matiere d'Arithmeticque. Du nombre des grains de sable ; Que deux hommes ont necessairement autãt de cheueux & de pistoles, l'vn que l'autre.

De l'Inuention d'Archimede, touchant le meslange d'or & d'argent en la couronne.

Le moien de partager à trois hommes, 21.

Les jeux en contexte scolaire

Les jeux sont indispensables au bon développement psychique et physique de l'enfant. Souvent exploités dans l'enseignement primaire, ils se font plus rares auprès des élèves plus âgés. Si, pour beaucoup d'enseignants, le jeu évoque surtout la notion de manipulation, de distraction et de plaisir – qu'ils opposent au sérieux, à l'effort et à la rigueur du raisonnement –, apprendre en jouant a pourtant de nombreux avantages, du fait d'une plus grande concentration et participation des élèves, d'une dynamique de classe renouvelée. Se situant dans un univers tout à fait particulier, en dehors du monde réel, le jeu échappe à toute évaluation, ce qui diminue fortement la peur de l'échec. De plus, à côté du plaisir d'avoir vaincu un obstacle et de réussir, le jeu apprend l'exigence à travers le respect de ses règles.

Reste qu'une telle pratique demande du temps aux enseignants, notamment en raison du petit nombre de jeux proposés dans les manuels : temps de préparation (choix des jeux en fonction des notions travaillées et des compétences visées, lecture des règles et adaptation en fonction des connaissances des élèves, de la durée de jeu souhaitée...), mais aussi temps en classe.

© Luis Louro - Fotolia.com

Jouons en classe

Il existe de nombreux types de jeux : jeux de société pour deux joueurs ou plus, jeux abstraits où il faudra développer une stratégie, énigmes, défis, puzzles, jeux individuels... Voici quelques suggestions de jeux mathématiques, accompagnées des compétences ou démarches mentales mises en jeu :

- Jeux de société : Blokus (Sekkoïa) ou Rumis (Murmel), pour une meilleure vision dans le plan et l'espace ; Tétrano (Talent, cachet !) et San ta si (Zoch) pour travailler les grandeurs ; Mathador (L2d) et Le compte est bon (créé par Armand Jammot) pour s'exercer au calcul mental ; Can't Stop (Miro Meccano) et Pickomino (Zoch) pour une approche originale des probabilités ; Vitrail (Cocktail Games) pour travailler les transformations de l'espace.
- Jeux abstraits pour deux joueurs : Mastermind (Hasbro) pour la déduction, les tours de Hanoï pour la construction d'une généralisation, Quarto (Gigamic) pour développer logique et stratégie, Puissance 4 Advance (Hasbro) et Sogo (Ravensburger) pour développer vision dans l'espace et stratégie.
- Jeux à stratégie gagnante : Nim ou morpion.
- Jeux individuels : labyrinthes, puzzles, tangrams, cubes Soma (créé par Piet Hein), Pentominos, Rush Hour (ThinkFun) pour une approche originale de la géométrie et la construction de démarches de résolution personnelles ; Set! (Ravensburger), Sudokus et autres pour développer l'analyse méthodique.

De nombreux problèmes, énigmes et défis figurent par ailleurs dans les annales des Championnats de jeux mathématiques et logiques, du concours Kangourou, des rallyes et olympiades mathématiques.

par Alain Zalmanski

L'awélé

© Emilie Gallois - Fotolia.com

L'awélé ou awalé est pratiqué dans toute l'Afrique, dont il peut être considéré comme le jeu « national ». C'est un jeu à information complète, simplissime dans ses règles et aussi difficile à analyser que les échecs ou le go.

L'origine de l'awélé est vraisemblablement ivoirienne et peut être datée du Ve ou VIe siècle de notre ère. Il s'agit d'un jeu de stratégie parmi les plus anciens. Il est d'origine sacrée et le demeure toujours en partie, par sa simplicité, sa convivialité et son lien métaphorique avec la nature. Les règles sont de véritables rituels. Ainsi il est en principe réservé aux hommes et il est interdit de jouer après le coucher du soleil, ce privilège étant réservé aux dieux !

Après la semence vient la récolte

L'awélé se joue à deux. Le terrain de jeu, le macala, est divisé en deux territoires de six trous chacun. Le territoire du bas, c'est le territoire Sud ; par exemple le vôtre, celui de votre adversaire est au-dessus, c'est le territoire Nord. Au départ 48 graines (quatre par trou) sont réparties dans les douze trous.

Nord

F	E	D	C	B	A
a	*b*	*c*	*d*	*e*	*f*

Sud

Représentation schématique du plateau de jeu. Les lettres indiquent le nom des cases (majuscules pour Nord, minuscules pour Sud).

Nord

4	4	4	4	4	4
4	4	4	4	4	4

Sud

La répartition des graines au début du jeu.

Le jeu consiste à prendre les graines contenues dans son territoire, puis à les semer une par une dans les trous contigus dans le sens inverse des aiguilles d'une montre. Après la semence vient la récolte : lorsque le trou où a été semée la dernière graine contient deux ou trois graines, le joueur récolte celles-ci. Il récolte également les graines contenues dans le trou où il a semé précédemment si celui-ci contient deux ou trois graines, et ainsi de suite, de proche en proche. Ce ou ces trous sont laissés vides. On ne peut récolter que dans le territoire de son adversaire. Si d'aventure l'adversaire n'a aucune graine dans son territoire, il faut jouer de manière à ce qu'une graine au moins soit semée sur son territoire, car on n'a pas le droit de l'affamer. De même, on ne peut jouer un coup qui prendrait toutes les graines de son adversaire.

Le but du jeu est de s'emparer d'un maximum de graines. Le joueur qui a le plus de graines à la fin de la partie l'emporte. Le jeu se termine lorsqu'un joueur n'a plus de graines dans son camp et ne peut donc plus jouer ou lorsque la partie boucle indéfiniment, la même situation se reproduisant après un certain nombre de coups.

En fait il existe autant de variantes – nombre de trous, de graines, règles de semences ou de récoltes et de dénominations – que de régions, voire de villages africains ou insulindiens où il est pratiqué. On recense le wari au Mali, l'adji au Dahomey, le papandakon en Malaisie, le wali au Burkina Faso (plus simple, il n'y a pas de camp propre et on ne ramasse que le contenu de la case d'arrivée), l'owani au Gabon (on continue à semer avec les graines prises dans la case d'arrivée), le mefuhva au Transvaal (avec un mancala de 64 trous et 128 graines), *etc*. Bien que les règles de l'awélé soient extrêmement simples, les stratégies à mettre en œuvre pour vaincre sont des plus complexes et empreintes de sagesse. Les règles varient d'une région à l'autre, et parfois même d'un village à l'autre, ce qui ajoute à l'intérêt incontestable de ce jeu. De nombreuses stratégies sont utilisées par les joueurs d'awélé. Voici quelques rudiments qui vous permettront de comprendre pourquoi vous perdrez toujours lors de vos premières parties.

À chaque coup, les possibilités de choix, inférieures ou égales à six, sont très faibles par rapport à un jeu comme les échecs. André Deledicq, qui en a effectué une étude très complète, souligne deux particularités : l'homogénéité des choix possibles (chaque case semble posséder, à chaque coup, un potentiel analogue) ; la longueur du terme éventuel des conséquences d'une action et donc la prévision de coups successifs (car toute case jouée modifie le contenu des cases suivantes et donc la visée de celles-ci, alors que c'est jusqu'à une dizaine de coups que les avantages ou désavantages d'un choix attendent pour se manifester).

La simple notation de quatre coups successifs d'un début de partie montre la difficulté de représentation de l'état du jeu. Le trou semé est marqué en gras. C'est la case *f* pour le premier coup, la case C pour le deuxième, la case *e* pour le troisième et la case A pour le quatrième.

Il n'est pas conseillé de jouer des cases consécutives de son territoire durant les premiers tours de la partie. En effet, cela expose le joueur à des captures multiples. Il faudra éviter les cases menacées en les vidant ou en chargeant au contraire la case menaçante de l'adversaire.

4	4	4	4	4	4
4	4	4	4	4	**4**
4	4	**5**	5	5	5
4	4	4	4	4	0

5	5	0	5	5	5
5	5	5	4	**4**	0
5	5	0	6	6	6
5	5	5	4	0	1

6	6	1	7	7	0
6	5	5	4	0	1

Déroulement du début d'une partie.

Ensuite, le but du jeu étant de capturer plus de graines que l'adversaire, le joueur doit essayer de préparer des attaques, en amenant le nombre de graines dans ses cases à une valeur qui permet d'atteindre le camp de l'adversaire, et d'effectuer une capture. Les captures multiples permettent de réaliser des augmentations substantielles de butin et doivent donc être visées. Il s'agit aussi d'empêcher l'adversaire d'en réaliser, parfois au prix d'un sacrifice. Et lorsque le joueur décide d'effectuer une prise, il doit faire attention à ce que le coup qu'il joue ne découvre pas une case importante de son territoire. Il doit également essayer de faire échouer les menaces qui pèsent sur lui soit en augmentant le contenu des cases menaçantes de son adversaire, soit celui des cases menacées dans son territoire. Par ailleurs, il faut savoir semer pour récolter : une série de cases vides de l'adversaire, judicieusement ensemencées, peut aboutir à une récolte abondante.
Une stratégie offensive classique est le *krou* (« accumulation » en langage akan). Le *krou* est l'accumulation dans un trou d'un nombre de graines suffisant pour faire un tour complet (soit au moins douze graines), la *maison*. Le *krou* s'avère redoutable lorsque le territoire de l'adversaire est presque vide car, lors du semis, le premier passage ensemence, et le deuxième se termine par une récolte. On dit qu'un *krou* est *mûr* quand il contient assez de pions pour atteindre au moins le trou 1 de l'adversaire au deuxième tour. Une maison peut effectuer des ravages dans le camp de l'adversaire en y capturant des séries de deux et trois graines.

Comment bloquer le krou de son adversaire et l'empêcher d'effectuer une récolte décisive ?

Enfin, pour récolter des graines lorsqu'il n'en reste plus beaucoup sur le plateau, un joueur peut construire des pièges : il s'agit de priver l'adversaire de graine, puis de lui en fournir une qu'il sera obligé de jouer sur une case menacée.

A.Z.

Sources incontournables

Wari et solo. André Deledicq et Assia Popova, CEDIC, 1977. L'ouvrage, exhaustif, utilise les graphiques linéaires et polaires pour donner les images de coups successifs et analyse des parties avec des arbres de décision, ce qui permet de recourir à l'outil informatique.
myriad-online.com/fr/products/awale.htm pour vous entraîner en ligne. Historique et bibliographie complets.

Informatique et jeu

Quand l'ordinateur s'en mêle

Dès le début, l'informatique accompagnent les développements de la théorie des jeux. Que ce soit en économie ou en polémologie (science de la guerre), dans la modélisation de systèmes physiques ou biologiques complexes ou en algorithmique, les scientifiques ont toujours eu recours à l'ordinateur pour réaliser des calculs complexes ou des simulations. Les outils de la théorie des jeux commencent également à être exploités dans certaines branches de la logique mathématique et de la théorie algorithmique de l'information. En effet, de nombreux problèmes dans ces domaines consistent à trouver une stratégie gagnante associée à un jeu donné.

L'informatique, une arme à double tranchant

Les nouvelles technologies de l'information et de la communication ont permis le développement de jeux à très grande échelle. Les applications de pointe ont très vite suivi, aussi bien dans la finance de marché que dans la biologie, les réseaux électriques ou aujourd'hui les réseaux sociaux et le *cloud computing*.
Les performances des ordinateurs augmentant, ces nouvelles technologies sont également mises à profit dans le domaine ludique du jeu, mais également dans celui... de la triche. Ce qui pose la question du contrôle de l'outil informatique et de son utilisation par des personnes pas toujours bien intentionnées.

Une alliance qui a de l'avenir

La théorie des jeux est une construction formelle permettant de modéliser et d'analyser les interactions d'agents essentiellement égoïstes. Un cas d'application tout trouvé de cette théorie est le domaine des télécommunications, où chaque utilisateur cherche par exemple à disposer du maximum de bande passante disponible. Les concepteurs cherchent alors à développer des solutions, qualifiées d'interventionnistes (interactives et impliquant les utilisateurs les plus gourmands), visant à répartir au mieux les ressources disponibles pour l'ensemble du réseau. Associée aux réseaux, la théorie des jeux a de beaux jours devant elle...

par Éric Birmingham

De la triche aux Échecs

Septembre–octobre 2010. L'affaire de la plus grande triche échiquéenne jamais révélée à ce jour démarre comme dans un film : de même que dans *Ascenseur pour l'échafaud* (Louis Malle, 1958), c'est un petit grain de sable qui va enrayer la machine.

Ce jour-là se déroule en Russie une importante compétition internationale à laquelle participe l'équipe de France. Cyril Marzolo va prendre un café chez son amie Joanna Pomian, vice-présidente de la Fédération française des Échecs (FFE). Cyril s'absente un instant. Il a laissé sur la table son ordiphone, qui émet soudain un petit bip. Johanna a alors un réflexe naturel, son œil est attiré vers l'objet et elle voit s'afficher sur l'écran : *« Alors magne-toi on attend les coups. »*

Elle reconnaît immédiatement le numéro de portable qui s'affiche, elle le connaît par cœur. C'est celui de Sébastien Feller, qui représente la France en Russie. Elle a compris…

Association de tricheurs

À la fin de l'année 2010, la FFE a entamé une procédure disciplinaire à l'encontre de trois joueurs : Sébastien Feller, Arnaud Hauchard et Cyril Marzolo. La charge retenue contre eux était d'avoir mis en place une triche de grande envergure à l'occasion des Olympiades d'Échecs, qui se sont déroulées du 21 septembre au 03 octobre 2010 à Khanty-Mansiïsk en Russie.

Cyril Marzolo, maître international, demandait conseil à un ordinateur et envoyait le coup. Arnaud Hauchard, grand maître international, capitaine de l'équipe de France, réceptionne le coup et le transmet au joueur. Sébastien Feller, grand maître international, membre de l'équipe de France, récupère le coup et le joue sur l'échiquier.

« Les tricheurs ne connaissent pas la vraie joie de gagner » *Maurice Sachs.*

Cyril Marzolo est en France, chez lui, tranquillement installé derrière un puissant ordinateur sur lequel tourne l'un des meilleurs logiciels de jeu d'Échecs. Sur Internet, il suit en direct la retransmission de la partie de Sébastien Feller, qui occupe le quatrième et dernier échiquier de l'équipe de France. Au fur et à mesure de la partie, il rentre les coups de Feller et de son adversaire dans le logiciel. Il voit le coup proposé par le programme, qui, en cadence de jeu normal, est infiniment plus fort qu'un être humain (voir en encadré).

Cyril envoie, encodé par SMS, le coup à Hauchard sur un téléphone portable, en l'occurrence celui de Sébastien Feller. Pour le cas où quelqu'un serait tombé sur le téléphone, le SMS avec le coup était envoyé par code, sous la forme d'un numéro de portable (par exemple 06 47 40 68 34). La chaîne de caractères « 06 » ne comptait pas, mais les trois chiffres suivant indiquaient une pièce (« 4 » est une Dame, désignée par la quatrième lettre de l'alphabet) et son déplacement (« 74 » correspond à la case g4, g est la septième lettre de l'alphabet). Les cinq autres chiffres ne comptent pas non plus.
Le capitaine de l'équipe, suivant un protocole mis au point avec Feller, se place à un endroit précis derrière des joueurs dans l'aire de jeu. La salle est un échiquier, les participants sont des pièces et des cases. Hauchard, selon sa position derrière untel, puis un autre, et encore un autre, indique à son complice la pièce, puis la case de départ, et enfin celle d'arrivée. L'endroit où il se trouve indique ainsi une coordonnée alphanumérique. Feller le voit, il traduit alors le coup de l'ordinateur et le joue.

Puissance de calcul

Dans une position de milieu de partie, un joueur dispose d'environ trente-huit coups possibles. Donc pour calculer son coup, la réponse adverse et à nouveau son coup, il faut évaluer environ cinquante-cinq mille positions (soit 583). Quatre coups blancs et quatre coups noirs consécutifs représentent plus de quatre mille milliards de positions !
En 1997, Garry Kasparov s'inclinait en match face à Deeper Blue, le monstre d'IBM. Des ouvertures jouées et d'autres analysées étaient stockées dans la mémoire de l'ordinateur. Grâce à l'écriture d'algorithmes qui permettent d'éliminer certaines positions très rapidement, l'ordinateur calculait des millions de positions par seconde. Depuis ce match, les logiciels commerciaux n'ont cessé de progresser.
Avec un temps illimité, sans pression, un immense champion peut rivaliser avec l'ordinateur. Mais c'est devenu impossible avec un contrôle du temps de réponse.

À trois rondes de la fin des Olympiades, Joanna Pomian, vice-présidente de la FFE, découvre la triche. Même si elle est une proche amie de Marzolo, elle est évidemment obligée d'alerter ses collègues de la FFE.

Sur place, en Russie, le grand maître Pavel Tregoubov, cadre et entraîneur de la FFE, ainsi que Jean-Claude Moingt, président de la FFE, vont essayer de prendre deux des trois tricheurs en flagrant délit. Ils ont parfaitement saisi comment la triche s'opère, mais ils ne comprennent pas comment les coups sont transmis à Feller. Lors de la dernière ronde, ils observent Hauchard et Feller. Ils constatent seulement qu'Auchard consulte souvent son portable.

Après la dernière ronde, Jean-Claude Moingt tente un bluff : *« On sait que vous trichez, on a les preuves, nous avons vu les SMS. »* Dans un premier temps, Feller et Hauchard nient en bloc. Excédé, il leur passe Laurent Vérat, le directeur de la FFE, au téléphone (il est au siège de la Fédération, dans les Yvelines). Après une longue discussion, les deux hommes reconnaissent les faits.

Le dilemme de la FFE

Le premier souci de la FFE est de maintenir cette terrible information secrète : leurs dirigeants ont une peur bleue que des Français se retrouvent en prison en Russie : après tout, Feller est médaille d'or au quatrième échiquier ; si la triche est avérée, il a complètement faussé les Olympiades, et les Russes risquent de très mal le prendre.

Quelque temps après leur retour en France, les joueurs incriminés sont convoqués au siège de la Fédération pour démêler l'affaire. Les trois associés rééditent leurs aveux. Mais ils proposent un marché : ils renoncent à leurs gains et reconnaissent la triche si la FFE ne rend pas l'histoire publique. La FFE refuse catégoriquement :l'affaire est trop grave, il est impossible de la mettre simplement sous le tapis. En conséquence, aucun ne signe d'aveux.
La FFE propose à Sébastien Feller, qui n'a que 19 ans, de parler à son père, de lui demander conseil. Ils offrent une période de réflexion, puis, tous se reverront pour une deuxième réunion. En attendant, l'affaire reste secrète.
Un mois passe.

Un jour, arrive un courrier, et la surprise est de taille ! M. Feller met en demeure la FFE de payer (*« honorer le contrat pour sa place en équipe de France »*) son fils Sébastien et de lui verser le prix qu'il a gagné en Russie. Parallèlement, d'autres joueurs de l'équipe de France ont eu connaissance des faits, des rumeurs de triche commencent à envahir les discussions des joueurs de haut niveau.
En janvier 2011 se dispute un tournoi très important aux Pays-Bas. Deux Français, membres de l'équipe nationale, sont invités à y participer. Pour qu'aucun soupçon ne pèse sur eux, la FFE est obligée de publier un communiqué avec les noms des trois tricheurs présumés. De leur côté, les trois mis en cause engagent chacun un avocat. Sur Internet, ils donnent leur version des faits, accusent la FFE à leur tour. La guerre est déclarée…

Après deux séances de la commission de discipline de la FFE, Sébastien Feller est condamné à une interdiction de jouer pendant une période de cinq ans, Marzolo est condamné à la même peine, et l'interdiction de jouer est de trois ans pour Arnaud Hauchard. Mais juste avant le Top 12, le championnat de France des meilleurs clubs, les trois joueurs ont saisi un juge des référés pour casser cette décision ! La juge a maintenu la décision de la commission de discipline de la FFE. À cette occasion, elle a indiqué aux avocats des trois accusés que, dans ce dossier, ils contestent les aveux, ils contestent les méthodes pour obtenir des informations, ils contestent l'utilisation des SMS, ils contestent l'utilisation de propos entres joueurs sur MSN… mais que jamais ils ne discutent de l'affaire sur le fond. *« Ce qui est regrettable, ajoute la juge, c'est que vous ne nous dites pas que vos clients sont innocents des faits qui leurs sont reprochés »*
Ayant utilisé tous les recours, les trois

Garry Kasparov.

joueurs ont décidé de porter l'affaire devant un tribunal pénal. Affaire à suivre donc…

Les triches sur l'échiquier

On peut distinguer la triche opportuniste de celle qui est préméditée et organisée. Les cas de mauvais réflexe, de « petite » triche, sont multiples, mais tout aussi condamnables. Il n'est pas vrai que *« cela peut arriver à tout le monde »*. L'immense majorité ne trahit pas l'esprit sportif du jeu. Bobby Fischer, champion du monde de 1972 à 1975, avait un comportement épouvantable dans la vie, il est probable qu'il n'avait pas toute sa raison, mais jamais, même dans sa jeunesse alors qu'il était pauvre, il n'a commis le moindre acte d'antijeu sur l'échiquier. Dans le même esprit, après l'affaire de la main de Thierry Henry, Dominique Rocheteau (avant-centre lui aussi en équipe de France) a expliqué dans une interview radiophonique qu'il n'avait jamais violé les règles. Pendant toute la durée de sa carrière, il n'a été sanctionné que d'un seul carton jaune, ajoutant d'ailleurs que c'était une erreur d'arbitrage ! Pelé non plus n'a jamais triché. Incontestablement, chacun est maître et responsable de ses actes.

« La véritable question éthique n'est pas : “ Est-ce que je peux faire ce que je veux ? ” *mais :* “ Est-ce que je peux vouloir ce que je fais ? ” » André Gorz.

Au milieu des années 1980, une triche incroyable s'est produite lors d'une rencontre entre deux clubs français. Olivier Renet, pour le club de Clichy est opposé à un joueur dont nous tairons le nom (ce n'est pas un joueur d'Échecs professionnel) représentant le club parisien Chess15. Après plusieurs heures de jeu, Olivier au premier échiquier joue son coup et se lève. Il fait le tour de la salle, son attitude est tranquille, rassurante pour ses coéquipiers. Quelques minutes

Le *zugzwang*

Zugzwang est un terme allemand qui, aux Échecs, veut dire : placer l'adversaire dans une situation où le fait de jouer lui est préjudiciable. Le *zugzwang* fonctionne parce qu'on ne peut pas passer son tour.

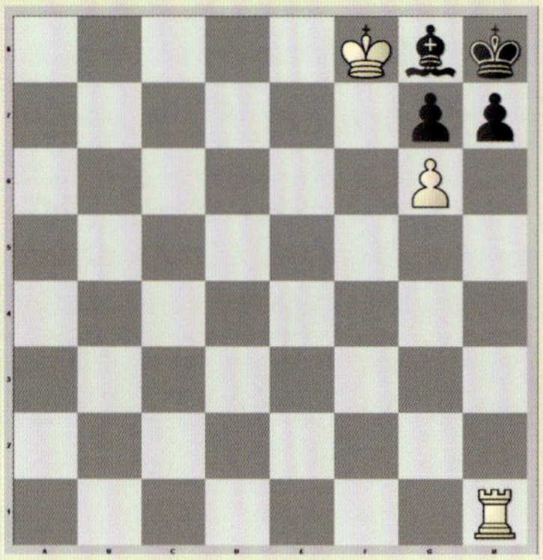

La position représentée ici est un problème de Paul Morphy, composé au milieu du XIXe siècle. Grâce à un *zugzwang*, les Blancs donnent mat en deux coups. Solution : **1.Th6 gxh6** (si le Fou bouge, 2.Txh7#) **2.g7# 1–0**

après, face à son échiquier, il est au bord des larmes, il vient d'abandonner. Mais à ce moment très précis, des spectateurs s'insurgent. Son adversaire n'a pas joué ! Il a fait semblant de jouer un pion, mais ne l'a pas déplacé. Olivier Renet réagit alors : il explique qu'il avait calculé un *zugzwang* (voir en encadré), que ce n'est pas lui qui aurait dû perdre, mais bien son adversaire. Pour l'arbitre, complètement dépassé, et malheureusement incompétent pour régler cet incident inouï, Renet a signé son abandon sur la feuille de partie ; le règlement est formel, il a perdu. Clichy ira en commission d'appel, mais rien ne changera la décision désastreuse de l'arbitre. Cette triche coûtera le titre de champion de France à la ville des Hauts-de-Seine. Ce jour-là, c'est aussi le jeu d'Échecs qui a perdu.

Quand la caméra condamne Kasparov

Tournoi de Linares, Espagne, en 1994. C'est la cinquième ronde, le champion du monde Gary Kasparov est opposé à la prodigieuse Hongroise Judit Polgar. Au trente-sixième coup, il met son Cavalier en c5. Il s'aperçoit instantanément que 37.Fc6 gagne pour les Blancs. Il remet le Cavalier en d7, puis le joue en f8. La jeune joueuse est médusée. Hélas, l'arbitre n'a pas vu ! La partie se poursuit. Kasparov s'impose. Dépitée, elle dit à son illustre adversaire : *« Comment avez-vous pu me faire ça ? »* Kasparov nie. Quelques jours après, les images d'une télévision espagnole sont indiscutables. Il avait bel et bien lâché le Cavalier. L'immense champion aurait dû accorder le point à son adversaire.

Nous sommes maintenant au championnat d'Europe 2003, à Istanbul. C'est la dixième ronde. Le Russe Vladimir Malakhov a les Blancs, le Georgien Zurab Azmaiparashvili a les Noirs. Ils atteignent le vingt-cinquième coup, et la position ci-contre.

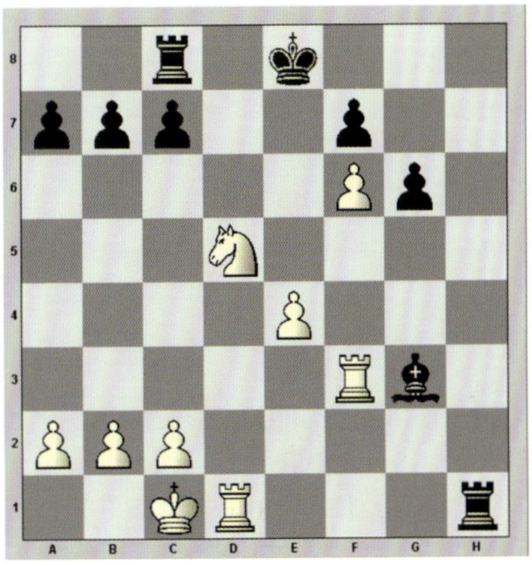

25…Txd1+ suivi d'un coup du Fou en g3, qui est forcé. Mais Azmaiparashvili déplace son Fou, qui est menacé par la Tour f3. Il réalise avec horreur qu'il a joué son deuxième coup avant l'échange évident en d1. Il reprend son coup, échange les Tours et regarde son adversaire. Il est absolument interdit de reprendre un coup en compétition. Pourtant, le jeune Russe ne proteste pas. Après la ronde, il expliquera qu'il était trop choqué pour réagir. La partie continue et, au cinquante-neuvième coup, Malakhov abandonne. La position était égale, mais psychologiquement, il est extrêmement difficile de s'adapter après un incident de cet ordre. Certes, au lieu d'appeler l'arbitre, le grand maître russe a accepté de continuer, mais Azmaiparashvili est fautif, il devait abandonner et s'excuser. À l'époque, Azmaiparashvili était président de la Fédération georgienne et vice-président de la Fédération internationale des Échecs !

Parties achetées et autres tournois fantômes…

Le classement Elo, du nom du mathématicien hongrois Arpad Elo, est un système qui permet de classer les joueurs selon leurs performances. La liste du classement Elo est calculée et publiée cinq à six fois par an par la Fédération internationale des Échecs. Le classement Elo et les titres internationaux permettent notamment aux joueurs d'échecs de recevoir des invitations dans les tournois. Plus un joueur est « fort », plus il est invité dans des épreuves « intéressantes ». Il arrive que certains achètent des parties ou organisent des tournois entiers pour

Judit Polgar.

Judit Polgar – Garry Kasparov

Voici le détail de la partie qui a opposé Gary Kasparov à Judit Polgar.

1.e4 c5 **2.**Cf3 d6 **3.**d4 cxd4 **4.**Cxd4 Cf6 **5.**Cc3 a6 **6.**f4 e6 **7.**Fe2 Fe7 **8.**0–0 Dc7 **9.**De1 Cbd7 **10.**a4 b6 **11.**Ff3 Fb7 **12.**Rh1 Td8 **13.**Fe3 0–0 **14.**Dg3 Cc5 **15.**f5 e5 **16.**Fh6 Ce8 **17.**Cb3 Cd7 **18.**Tad1 Rh8 **19.**Fe3 Cef6 **20.**Df2 Tfe8 **21.**Tfe1 Ff8 **22.**Fg5 h6 **23.**Fh4 Tc8 **24.**Df1 Fe7 **25.**Cd2 Dc5 **26.**Cb3 Db4 **27.**Fe2 Fxe4 **28.**Cxe4 Cxe4 **29.**Fxe7 Txe7 **30.**Ff3 Cef6 **31.**Dxa6 Tee8 **32.**De2 Rg8 **33.**Fb7 Tc4 **34.**Dd2 Dxa4 **35.**Dxd6 Txc2 **36.**Cd2 Cf8 **37.**Ce4 C8d7 **38.**Cxf6+ Cxf6 **39.**Dxb6 Cg4 **40.**Tf1 e4 **41.**Fd5 e3 **42.**Fb3 De4 **43.**Fxc2 Dxc2 **44.**Td8 Txd8 **45.**Dxd8+ Rh7 **46.**De7 Dc4 0–1.

Si une pièce n'est pas bien placée, ou mal centralisée sur une case, en disant *« J'adoube »* à son adversaire, on lui signifie que l'on n'a pas l'intention de jouer cette pièce mais de la repositionner.

obtenir un titre ou augmenter artificiellement leur classement international ! C'est le cas étonnant du Roumain Alexandru Crisan. En 1998, il a remporté un tournoi avec 13 points, sur 14 parties jouées ! Pourtant, il est impossible de trouver une seule partie de ce joueur qui soit publiée dans un bulletin de tournoi, un magazine, ou surtout dans les immenses banques de données qu'utilisent les amateurs et les professionnels pour se préparer. Comment faisait-il ? Il est accusé d'avoir inventé à l'époque des tournois fantômes, d'avoir payé des joueurs classés et d'avoir envoyé des résultats fictifs à la Fédération internationale des Échecs. Cette dernière s'est défendue en expliquant qu'il était extrêmement difficile de faire la chasse aux tricheurs. Parfois une Fédération nationale est complice, ou alors elle se laisse abuser.
En 2001, Crisan accepta de disputer un tournoi à Portoroz, en Slovénie. Il était sérieusement attendu au tournant : tous connaissaient cette histoire, il occupait la quarante-sixième place mondiale, et c'était son premier tournoi « visible » depuis dix ans ! L'épreuve fut rude, très rude : le grand maître roumain termina la compétition avec neuf défaites et une partie nulle, soit un demi-point en dix rondes. Sa performance Elo fut de 2130 (à comparer avec ses 2635 points Elo officiels d'alors) Il n'a plus joué une seule partie en compétition internationale depuis ce désastre.

Nous sommes en 2001, à la veille de la onzième ronde du championnat d'Europe à Ohrid, en République de Macédoine. Ruslan Ponomariov, champion du monde en 2002, convient de la nulle avec son adversaire du lendemain, le Russe Konstantin Aseev. Ce n'est pas une pratique noble au sens sportif du terme, mais se reposer avec une « nulle de salon » ou « nulle de grand maître », ici ou là, est malheureusement assez fréquent en compétition. Ce qui ne l'est pas, en revanche, c'est de s'entendre sur le partage du point et de changer d'avis au dernier moment. Une heure avant la partie, Ponomariov signifie à son adversaire que l'accord ne tient plus. Non seulement Aseev n'a absolument pas préparé techniquement le match, mais psy-

Bobby Fisher.

chologiquement il n'est pas en état de jouer. Attaqué par ses collègues, tous choqués par son action malhonnête, Ponomariov se défendra en expliquant que son sponsor souhaitait qu'il joue toutes ses parties pour gagner.
Une histoire semblable est arrivée dans les années 1980. La nulle était prévue par avance, mais sur l'échiquier, après avoir gagné un pion, l'un des deux joueurs expliqua que ce n'était plus possible. La victime en parla alors un à ami, qui jouait lui aussi. Les deux décidèrent d'attendre que l'indélicat aille aux toilettes pour le « raisonner ». En quatre ou cinq heures de jeu, il est probable que cela arrive. Ils ont raconté que la proposition renouvelée dans ce cadre avait été tout de suite acceptée !
Toutefois, la très grande majorité accepte et respecte les règles. Si certains les violent, une proportion bien plus importante se conduit avec une immense probité. Malgré toutes les mesures imaginables pour combattre les triches diverses, il y aura toujours des gens pour « battre » le système. C'est à l'homme de s'améliorer. C'est possible, justement…

Un beau geste

Nous sommes le 17 octobre 1922 à Londres, c'est la fin de session de la treizième ronde d'un grand tournoi international. En ce temps-là, et jusqu'à la fin des années 1990, lorsque qu'une partie n'est pas terminée, les joueurs ajournent et reprennent plusieurs heures plus tard ou le lendemain. Jose Raul Capablanca, champion du monde en titre, affronte avec les Blancs Milan Vidmar, le meilleur joueur slovène, vainqueur de nombreux tournois internationaux. Capablanca a joué son quarante-et-unième coup. Vidmar écrit le sien et glisse la feuille dans l'enveloppe pour l'arbitre. Vidmar lui-même raconte dans un ouvrage en slovène, *Un demi-siècle d'échecs*, ce qui arriva ensuite : *« Jovial, Capablanca m'a demandé en français ce que je pensais de la position. Je lui ai répondu dans la même langue que j'envisageais d'abandonner. À la reprise de la partie, comme c'est l'usage, l'arbitre joue mon coup sur l'échiquier et déclenche la pendule de mon adversaire. Mais Capablanca n'arrive pas. Le temps s'écoule. L'arbitre s'approche de moi et me dit qu'une heure est presque passée, Capablanca va perdre par forfait. Dans une position extrêmement avantageuse, le Cubain ne vient pas, pourquoi ? Je me souviens alors de notre discussion en mauvais français. Tout à coup, je comprends, il a dû croire que j'abandonnais. J'ai marché très vite jusqu'à la table de jeu, j'ai couché mon Roi et arrêté sa pendule quelques secondes avant que son drapeau ne tombe. »* En 1936, lors de la cérémonie d'ouverture du tournoi international de Nottingham, le président de la Fédération britannique des Échecs a présenté Vidmar au public, en revenant sur l'incident de 1922 : *« Dans un tournoi d'échecs, cet homme a eu le plus beau geste sur le sol anglais. »*

Jose Raul Capablanca.

E.B.

par Alain Zalmanski

Le jeu de la vie de John Conway

Le jeu de la vie est un ensemble de règles élémentaires qui donnent naissance à une infinité de possibilités. Il fait partie de la (nombreuse !) famille des automates cellulaires.

Le principe du jeu de la vie est simple : on a une colonie de cellules, réparties aléatoirement dans une grille à cases carrées, que l'on suppose en général infinie. Quelques règles simples régissent le développement des cellules qui vont survivre, naître ou disparaître en fonction de la présence ou de l'absence de cellules dans les cases voisines. Voici les règles précises.

Si une cellule est seule ou avec seulement une voisine (dans les huit directions possibles), elle meurt par isolement. Si une cellule possède deux ou trois voisines, elle survit. Si une cellule a au moins quatre voisines, elle meurt par asphyxie. Enfin, si strictement plus de trois cellules entourent une case vide, cette dernière case se met à vivre, donnant naissance à une nouvelle cellule.

Des comportements très étranges

Avec ces principes assez simples, on assiste à un fourmillement d'activités, avec parfois la création de zones stables, ou des colonies qui se déplacent, des clignotants, ou encore des extinctions massives, toutes choses pratiquement impossibles à prévoir pour une configuration de départ donnée.

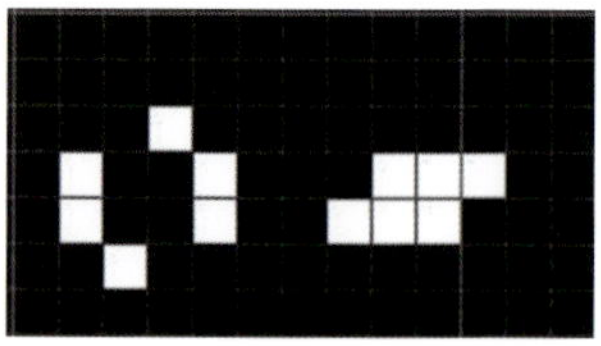

Voici un exemple de configuration qui se reproduit à l'identique en deux étapes ; on l'appelle un *clignotant*.

Formulé au départ comme un problème mathématique, le jeu a pris une dimension exceptionnelle avec le développement de l'informatique, et on a vu apparaître une multitude de programmes, rivalisant de vitesse et d'ingéniosité, destinés à simuler l'évolution d'une configuration initiale donnée. Dans le même temps, les propriétés mathématiques du jeu de la vie ont été développées jusqu'à un point inimaginable à l'origine.

John Horton Conway.

Le jeu de la vie fut inventé en 1970 par John Horton Conway (voir en encadré), alors qu'il était professeur de mathématiques à l'Université de Cambridge, au Royaume-Uni. Il s'intéressait, entre autres, à un problème présenté vers les années 1940 par John von Neumann, qui essayait de trouver une hypothétique machine qui pourrait s'autoreproduire. Il y était parvenu en construisant un modèle mathématique aux règles complexes sur un repère cartésien. Conway essaya de simplifier les idées de von Neumann et finit par réussir – en effectuant manuellement ses essais sur un jeu de go –, donnant naissance au jeu de la vie. Celui-ci n'est pas un jeu, au sens strict du terme, puisqu'il ne nécessite aucun joueur ; il s'agit d'un automate cellulaire, un modèle déterministe où chaque état conduit mécaniquement à l'état suivant à partir de règles préétablies.

Mais en fait le « jeu » consiste à choisir une configuration de départ, à regarder ce qui se passe ensuite, à essayer de trouver des règles à l'évolution des structures, ou bien de trouver une structure d'origine intéressante.

John Horton Conway

Né en Angleterre en 1937, Conway s'intéresse très tôt aux mathématiques, et décide de devenir mathématicien dès l'âge de 11 ans. Il étudie les mathématiques à Cambridge, et obtient son diplôme de Bachelor of Arts en 1959. Ses premières recherches, sous la direction de Harold Davenport, concernent la théorie des nombres. Il s'intéresse également aux ordinaux infinis. Joueur passionné de backgammon, il développe son intérêt pour la théorie des jeux pendant ses années universitaires. Parmi les mathématiciens amateurs, il est principalement connu pour sa théorie des jeux combinatoires et pour avoir inventé le jeu de la vie, célèbre automate cellulaire. Il écrit en 1976 le premier livre traitant du sujet, *On Numbers and Games*, puis coécrit en 1982 avec Elwyn Berlekamp et Richard Guy le livre *Winning Ways for your Mathematical Plays*.
Il est également l'un des inventeurs de jeux type duel sur grilles, comme le Sprouts ou le Phutball (mot valise pour « football du philosophe »). Il a développé des analyses détaillées de nombreux autres jeux et casse-tête, comme le cube Soma ou le solitaire.

Essayez par exemple de faire vivre des rangées de trois à six cellules et tentez d'imaginer ce qui se passera avec des rangées plus longues, ou découvrez l'étonnante évolution d'un « U » inversé à sept cellules qui se stabilise de façon très symétrique après plus de cent trente *générations* (ou étapes) et fait émerger une face de clown à la génération 110 !

Le glisseur est un motif qui se reproduit identique à lui-même au terme de cinq générations, tout en s'étant déplacé d'une case en diagonale.

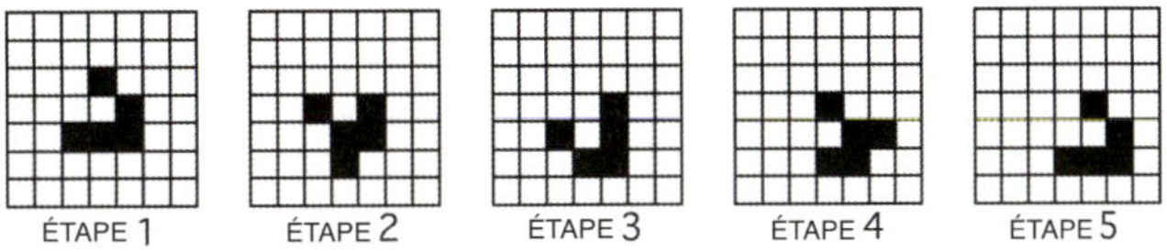

Recherchez un *paradis* (ou *jardin d'Éden*) possédant le plus grand nombre de cellules : il s'agit de structures qu'aucune autre ne peut engendrer. Le record à battre a été établi en 2009 par Nicolay Beluchenko. Il est composé de soixante-neuf cellules, et il est de plus symétrique par rotation.

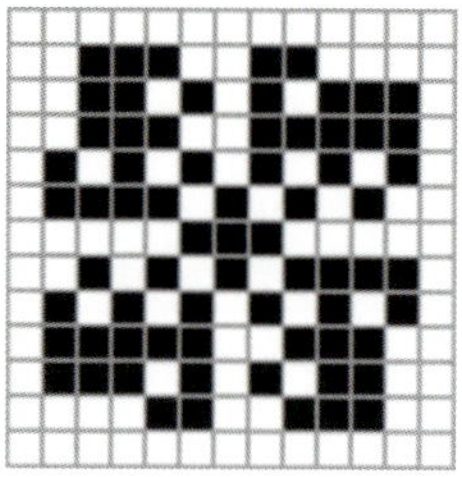

Le jardin d'Éden découvert par Nicolay Beluchenko. Aucune configuration ne peut donner naissance à ce motif.

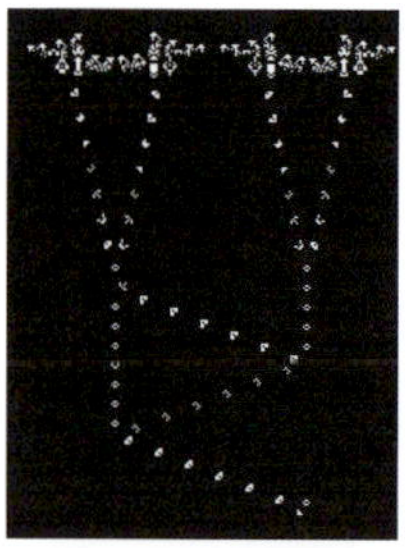

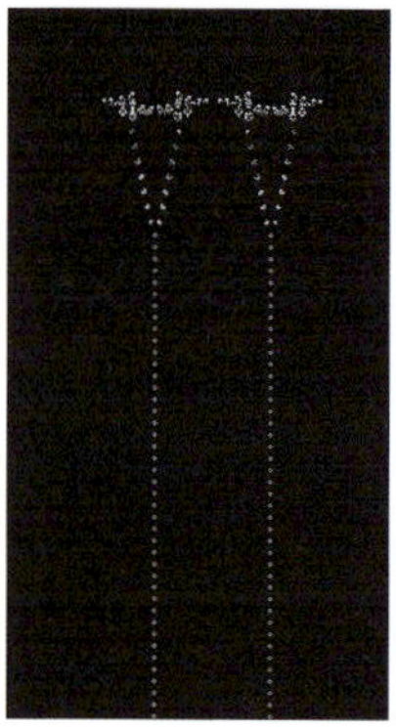

Vous pouvez également rechercher des *Mathusalem records*, structures actives qui mettent un certain temps avant de se stabiliser. Certains, comme les *lapins*, mettent plus de quinze mille générations avant de se stabiliser en un nombre plus ou moins important de débris variés ! Le pentamino en F a été un des premiers *Mathusalem records* reconnus.

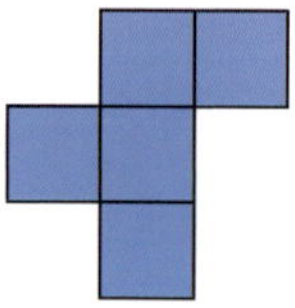

Le pentamino en F ne se stabilise qu'après mille cent trois étapes.

Le premier contact que le grand public eut avec ces travaux se fit en 1970 à travers la rubrique de Martin Gardner dans le *Scientific American*. Cette publication fit la renommée de Conway et ouvrit aussitôt un nouveau champ de recherche mathématique, celui des automates cellulaires.

En effet, les analogies du jeu de la vie avec le développement, le déclin et les altérations d'une colonie de micro-organismes le rapprochent des jeux de simulation qui miment les processus de la vie réelle. Ces possibilités attirèrent l'intérêt du grand public et de certains scientifiques sur les automates cellulaires. Actuellement, la puissance des ordinateurs permet l'exploration de très grands espaces cellulaires du jeu de la vie et l'habileté des programmeurs met à notre disposition des outils d'une rapidité diabolique. L'imagination des amateurs a fait le reste, engendrant de nouvelles structures (lanceurs, vaisseaux...) projetées dans un univers proche de l'infini.

On peut passer des heures d'admiration incrédule – puis d'addiction avec l'extraordinaire programme *Golly* (golly.sourceforge.net), élaboré par le découvreur du premier lanceur, William Gosper.

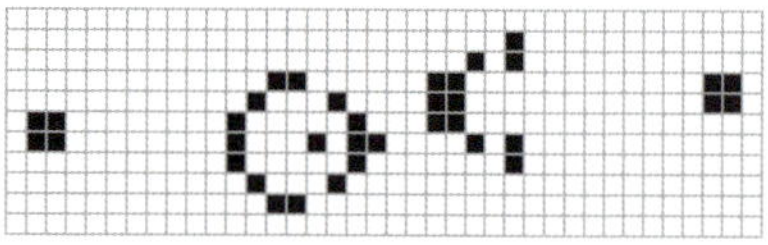

Un lanceur de Gosper dans sa configuration initiale. Toutes les vingt générations, le lanceur donne naissance à un glisseur.

William Gosper utilise, entre autres, l'algorithme Hashlife, modèle de réflexion et d'efficacité sur la programmation et la récursivité : il permet de manipuler des millions de cellules sur des millions de générations en des temps très courts, et aussi d'utiliser des règles généralisatrices du Jeu initial de Conway (telle une croissance fonction non seulement de l'environnement mais également du temps).

Des résultats et des variantes

La configuration à croissance quadratique la plus remarquable a été découverte en 2006 par Nicholas Gotts. Elle n'est constituée que de vingt-six cellules au départ. Il est alors pratiquement impossible de l'observer : en effet, celles-ci sont distantes de plus de quinze mille cases. Le processus quadratique ne s'enclenche qu'après plusieurs milliers de générations.

Voici par ailleurs une autre extension, qui ne fait que débuter mais qui semble extraordinairement prometteuse : la création de métacellules, sorte d'univers dans l'univers permettant aux physiciens, biologistes ou chimistes d'effectuer des modélisations d'une variété sans limite. En effet, le jeu se prête merveilleusement à de nombreuses variantes, fonctions des règles de départ, ou de la taille de l'« univers » (qui peut être limité à un polygone de taille donnée).
Une belle généralisation consiste à augmenter le nombre d'états possibles pour une cellule : cette dernière, au lieu d'être vivante ou morte, peut accéder à trois états (ou plus) dont les transitions tiennent compte de règles complexes, telle la Multicolor Cellebration de Mirek Wojtowicz (www.mirekw.com/ca/index.html).

Day & Night est un automate cellulaire de la même famille que le jeu de la vie. Cette variante est définie par des règles stipulant qu'une cellule naît si elle dispose de trois, six, sept ou huit voisines vivantes ; une cellule vivante survit si elle dispose de trois, quatre, six, sept ou huit voisines vivantes. Day & Night a été inventé par Nathan Thompson en 1997, et étudié en détail par David Bell.

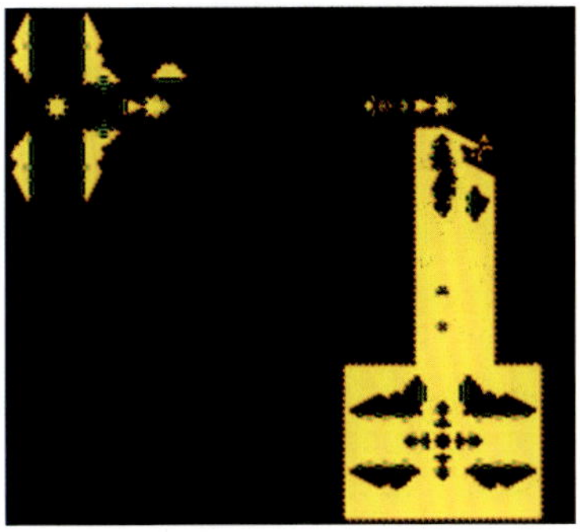

Une configuration du jeu Day & Night.

Bien que l'évolution de cet automate cellulaire soit très différente de celui du jeu la vie de Conway, il présente un comportement complexe semblable : on y trouve des petits oscillateurs, des vaisseaux spatiaux et des lanceurs formés par des oscillateurs se combinant de telle manière qu'ils émettent périodiquement des vaisseaux spatiaux de différents types.

HighLife est également une variante du jeu de la vie de Conway. Il a été conçu en 1994, toujours par Nathan Thompson. Il s'agit de deux états, vivant simultanément, dans un univers régit par des règles selon lesquelles une cellule naît si elle dispose de trois ou six voisins et survit si elle a deux ou trois voisins. Les comportements sont très similaires à ceux du jeu de Conway, mais HighLife possède un motif qui lui est propre et fait son intérêt : le réplicateur, capable de se reproduire à l'identique, structure existant peut-être mais inconnue pour l'instant dans le jeu de la vie.

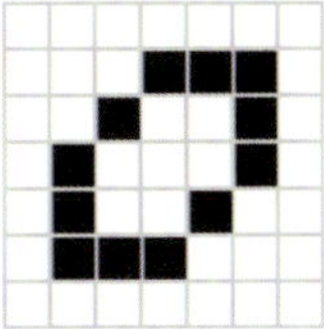

Au bout de douze itérations, un réplicateur donne naissance à deux réplicateurs, décalés l'un de l'autre de plusieurs cellules. Ces réplicateurs vont à leur tour se reproduire, selon une ligne diagonale.

La vie sans la mort (ou tache d'encre, ou flocon) est un automate cellulaire, introduit par Tommaso Toffoli et Norman Margolus en 1987, dont le motif de départ croît selon la même règle que dans le jeu la vie de Conway, mais qui ne meurt jamais. La vie sans la mort se développe de façon assez monotone, conduisant à des motifs du type échelles, natures mortes ou vaisseaux répétitifs. On a pu se servir des « échelles » pour simuler certains circuits booléens aléatoires ou pour étudier des structures chaotiques de remplissage d'espace et de temps.

Une configuration typique de la vie sans la mort (ou tache d'encre).

Seeds est un automate cellulaire étudié par Brian Silverman et Mirek Wójtowicz. Il se compose d'une grille bidimensionnelle infinie de cellules, dont chacune peut être éteinte ou allumée. Chaque cellule possède huit voisins, comme dans le jeu de la vie. À chaque étape, une cellule s'allume (ou naît) si elle était éteinte, ou meurt si elle a exactement deux voisines allumées, les autres étant éteintes. Le modèle conduit à une explosion des motifs structuraux en un désordre d'apparence chaotique qui tend à couvrir l'univers entier. Toutefois, certains modèles se comportent d'une manière plus contrôlée, en répétant la même forme, râteaux et lanceurs qui se déplacent comme des vaisseaux et laissent des traînées d'oscillateurs ou d'autres vaisseaux spatiaux derrière eux.

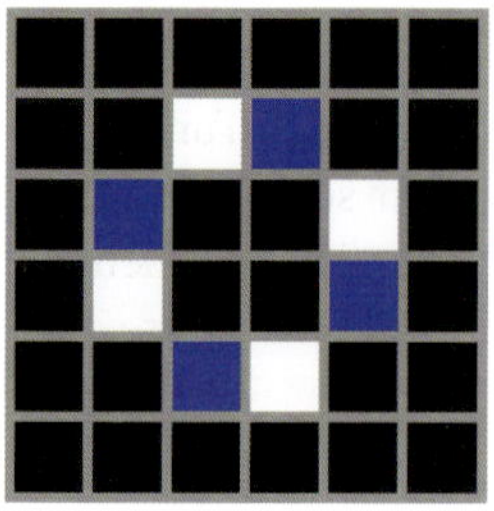

Une configuration initiale dans Seeds.

Le jeu de la vie sous de multiples formes peut trouver une application dans de nombreux domaines tels la modélisation du trafic, les simulations économiques, ou encore le traitement informatique. De plus, des portes logiques permettent de coder une machine de Turing universelle et donc sont capables d'effectuer tout calcul programmable au sein du jeu de la vie (par exemple recherche de nombres premiers). Avec certaines de ses variantes, le jeu de la vie commence à trouver des applications dans des simulations en physique, en chimie, en biologie, dans l'art et même les sciences sociales et politiques (démographie, déplacements de populations, prévisions, statistiques...). Alors ne nous cachons plus pour jouer !

A.Z.

Références

- *Wheels, Life, and other Mathematical Amusements*. Martin Gardner, W. H. Freeman and Company, 1983.
- *On Numbers and Games*. John H. Conway, Academic Press, 1976.
- *Le royaume du jeu de la vie*. Jean-Paul Delahaye, Pour la Science 378, avril 2009.

Les échecs

Le jeu d'échecs est incontestablement le jeu à information complète et parfaite le plus étudié depuis l'avènement de la théorie des jeux. Dès les premiers programmes de Claude Shannon et d'Alan Turing vers 1950, de nombreux algorithmes ont été réalisés pour son étude. Les techniques calculatoires s'appuyant sur la théorie des jeux donnent d'excellents résultats, puisque la machine est maintenant meilleure que l'homme. Mais la combinatoire due au grand nombre de positions possibles, de l'ordre de 10^{45}, fait qu'il n'est pas (encore) possible de déterminer une stratégie gagnante.
On ne peut en particulier dire si le jeu d'échecs est un jeu *équitable*, c'est-à-dire si une partie jouée de façon optimale par les deux joueurs conduit à une partie nulle, ou à la victoire systématique du premier joueur.

Le go et les dames

Imaginez que vous puissiez remplir l'Univers, jusque dans ses moindres « recoins », de neutrons. Le nombre de particules obtenu serait inférieur au nombre de positions possibles au jeu de go ! Ce nombre est en effet de l'ordre de 10^{172}. La notion d'information complète devient alors très théorique, et le jeu de go offre un défi de qualité à l'intelligence artificielle. Si, aujourd'hui, la machine domine l'homme aux échecs, aux dames, à Othello, à l'awalé, au backgammon…, seul le jeu de go résiste. Cependant, en 2006, un progrès considérable a été fait en utilisant des techniques de type Monte-Carlo pour étudier de façon statistique l'arborescence des possibles. Les meilleurs programmes sont maintenant du niveau d'un bon amateur !
Sinon, les *checkers* (le jeu de dames anglaises, qui se joue sur un damier carré de côté 8) ont été résolues depuis une quinzaine d'année par le programme Chinook. Il a été prouvé en 2007 que ce jeu est équitable : un jeu parfait des deux joueurs conduit inévitablement à une partie nulle. C'est le jeu le plus complexe à avoir été résolu !
Quant au jeu sur un plateau de cent cases, appelé autrefois *jeu à la polonaise*, puis *jeu français* et maintenant *jeu de dames international*, le nombre de positions possibles est de l'ordre de 10^{32}. Les meilleurs programmes à ce jeu sont donc capables de « voir » jusqu'à un horizon bien plus élevé qu'aux échecs et gagnent contre l'homme, sans pouvoir cependant le résoudre.

L'analyse rétrograde

Il existe une problématique, très développée dans le domaine des échecs mais qui pourrait s'appliquer à d'autres jeux, que l'on appelle « analyse rétrograde ». Elle consiste, à partir d'une position de pièces sur l'échiquier, à trouver non pas la suite de coups permettant de l'emporter, mais au contraire la façon dont les joueurs ont pu parvenir à cette position. La réponse est d'ailleurs quelquefois « *c'est impossible* ».
On retrouve les premiers problèmes de ce genre chez Sam Loyd en 1859. Plus près de nous, dans la deuxième moitié du XXe siècle, deux mathématiciens de renom, un Français (François le Lyonnais) et un Américain (Raymond Smullyan) ont développé la technique de retour en arrière à partir d'une position, ce dernier en imaginant chez Sherlock Holmes une habileté aux échecs dont son créateur ne l'avait pas doté.
Aujourd'hui, il existe de nombreuses manifestations autour de cette spécialité. On citera le site en anglais Retrograde Analysis Corner ou, en France, le championnat annuel organisé par l'Association française pour la composition échiquéenne (AFCE) dont un des vainqueurs réguliers est le problémiste Michel Caillaud.

Le glaive et la puce

L'informatique est née des suites de la Seconde Guerre mondiale. De nos jours, elle envahit les champs de bataille. Demain, la guerre ne sera-t-elle plus qu'un jeu vidéo ?

La guerre a toujours contribué au développement des sciences et des techniques. Non pas que les scientifiques soient bellicistes, ils font probablement partie des hommes et des femmes les plus paisibles au monde. L'explication est à la fois simple et cynique : l'énormité de l'enjeu d'une guerre libère des énergies colossales. Sans la menace qu'Hitler faisait peser sur le monde, les États-Unis n'auraient pas concentré autant de cerveaux au laboratoire de Los Alamos et ne leur auraient pas donné autant de moyens. De même, la Guerre froide n'a pas eu que des retombées négatives. Les satellites qui tournent au-dessus de nos têtes ont été conçus pour des raisons militaires, ils servent maintenant aux communications civiles et au repérage GPS et sauvent ainsi des vies. Ces satellites sont lancés par les descendantes des fusées de Hitler, les célèbres V2. De même, l'informatique est née des besoins de calculs d'Alan Turing pour décrypter les messages allemands et de John von Neumann pour des calculs balistiques

L'ENIAC de 1945 n'est vraiment pas un ordinateur portable !

L'informatique est née des besoins de calculs d'Alan Turing pour décrypter les messages allemands et de John von Neumann pour des calculs balistiques.

La naissance guerrière de l'informatique

L'un des problèmes cruciaux des belligérants de la Seconde Guerre mondiale était la défense anti-aérienne. En effet, la plupart des canonniers étaient incapables de diriger correctement le tir de leurs armes. Ainsi, une énorme quantité de munitions était envoyée en l'air sans grand effet sur les avions ennemis. L'armée américaine trouva la solution en équipant ses canons d'un dispositif calculant la position future probable de l'avion visé. Pour fabriquer une telle machine, il fallait disposer de tables de tir établissant les relations entre des paramètres tels que le calibre du canon, la taille de l'obus et les caractéristiques de sa mise à feu.
Concrètement, la confection d'une telle table exigeait le calcul de deux à quatre mille trajectoires, chacune d'entre elles demandant d'effectuer 750 multiplications. À la main, le travail était interminable pour des centaines de « calculateurs » humains.
De plus, le nombre d'erreurs était loin d'être négligeable ! Il fallait absolument automatiser le problème.
Les Américains y parvinrent partiellement et, en 1943, ce calcul ne prenait plus que quatre mois avec le calculateur de Bell Labs. En 1944, il suffisait d'un mois avec celui d'IBM.
Malgré ces progrès, le temps requis pour la confection d'une seule table de tir restait beaucoup trop grand pour les besoins de l'armée américaine. Pour l'essentiel, cette lenteur était due au caractère électromécanique des machines utilisées. L'idée géniale fut de remplacer le mouvement forcément lent des pièces mécaniques par celui des électrons : le calcul se faisait alors à la vitesse de la lumière !
La difficulté se situait au niveau de la maintenance : les tubes à vide à utiliser n'étaient que peu fiables. L'ENIAC, le premier calculateur électronique, naquit ainsi à la fin de 1945. Il comportait 18 000 tubes à vide, 1 500 relais, 70 000 résistances et 10 000 capacités. De ce fait, il tombait en panne tous les deux jours !

Mobilisation des virus informatiques

En 1999, au temps de la guerre du Kosovo, deux groupes de *hackers* serbes ont menacé de détruire le système informatique de l'OTAN. Rien ne s'est produit alors mais l'utilisation d'Internet à travers le monde rend l'idée réalisable en théorie. La même année, le chef d'état-major chinois a averti Taiwan que la Chine était capable de lancer une « guerre de l'information » en recourant à des virus informatiques destinés à paralyser la chaîne de commande, les transports et le système bancaire de Taiwan avant une éventuelle invasion. En réponse à cette menace, l'armée taiwanaise a organisé des manœuvres informatiques destinées à montrer sa capacité à résister à une telle attaque.

Les premiers calculs

La Seconde Guerre mondiale finie, le calcul des tables de tir n'étaient plus urgent, le nouvel engin fut donc utilisé pour les premiers calculs concernant la bombe à hydrogène. Le problème demandait en fait des capacités supérieures, ainsi la course aux armements fut avant tout une course aux ordinateurs. Les dépenses engagées pour les développer auraient été folles pour un programme civil. Aucune société n'aurait pu se les permettre, seule l'armée pouvait s'offrir un tel instrument. Une fois l'ordinateur créé, il n'en fut pas moins également utilisé à des fins

Quelques-unes des lampes à vide de l'ENIAC (Electronic Numerical Integrator and Calculator).
(SMITHSONIAN COLLECTION)

civiles et, pour en donner un exemple paisible, il est aujourd'hui au cœur des systèmes d'imagerie médicale.

Le champ de bataille du futur

La réponse ultime au problème de trajectoires d'obus a été apportée récemment et l'artillerie vit depuis quelques années une véritable révolution : les munitions incorporent un GPS et corrigent elles-mêmes leurs trajectoires grâce à un ordinateur embarqué. Chaque obus devient ainsi une espèce de missile de croisière d'une précision de quelques mètres. Si l'industrie couple ce progrès avec la conception de chars télécommandés à quelques kilomètres de distance, l'aspect du champ de bataille du futur peut s'en trouver profondément modifié, en particulier en cas de conflit en milieu urbain.

On peut ainsi imaginer des robots se battant sous les ordres de soldats les dirigeant à partir de ce que l'on pourrait confondre avec des consoles de jeux. Rêve, cauchemar ou réalité de demain ?

H. L.

La guerre simulée

Selon Winston Churchill, *« à la guerre le vainqueur est celui qui commet le moins d'erreurs »*. C'est pour suivre ce précepte que les armées modernes se sont dotées de systèmes permettant de simuler les décisions de leurs états-majors avant que celles-ci soient effectivement exécutées sur le terrain. Ainsi, le système Esope en service depuis 1989 dans l'armée française permet de calculer en deux heures les conséquences à trois jours des ordres tactiques de l'état-major. Le terrain où se déroulent les opérations est acquis par entrée en machine de photographies de la zone d'opérations. Bien entendu, il ne s'agit que d'une simulation mais elle doit pouvoir permettre d'éviter les pires erreurs et donc d'aider à la décision tactique. De tels systèmes se retrouvent à tous les niveaux, jusqu'à celui de la compagnie.

Solutions des pages 150 et 151

- *La société XYZ et l'étude de marché.* Si l'étude de marché coûte plus de 0,6 million d'euros, elle n'est pas intéressante. Sinon, elle peut l'être, selon sa crédibilité.
- *Le parcmètre.* Les deux solutions envisagées sont strictement équivalentes.

Solutions de la page 155

1. Aussi absurde que cela puisse paraître, faire confiance au bon sens de l'autre coûterait trop cher en cas de trahison ! L'allusion au fameux dilemme du prisonnier (voir en page 87) est claire.
2. En revanche, dans le cas où la décision à prendre est répétitive, les deux interlocuteurs ont intérêt à coopérer. Ici, en choisissant conjointement l'économie.

© LAFORET Aurélien - Fotolia.com

RÉFÉRENCES COMPLÉMENTAIRES :

- *Jeux mathématiques*. Bibliothèque Tangente 20, POLE, 2004.
- *La mathématique des jeux*. Bibliothèque Pour La Science, Belin, 1997.
- *Un homme d'exception*. Sylvia Nasar, Calmann-Lévy, 2002.
- *La probabilité, le hasard et la certitude*. Paul Deheuvels, Presses Universitaires de France, Que sais-je 3, 2008.
- *Théorie mathématique du bridge à la portée de tous*. Émile Borel et André Chéron, Jacques Gabay, 2009.
- *Mathématiques et biologie*. Bibliothèque Tangente 42, POLE, 2011.
- *Evolution and the Theory of Games*. John Maynard Smith, Cambridge University Press, 1982.
- *Games and decisions*. Robert Duncan Luce et Howard Raïffa, Wiley, 1957.
- *The Evolution of Cooperation*. Robert Axelrod et Richard Dawkins, Basic Books, 2006.
- *The genetical theory of natural selection*. Ronald Aylmer Fisher, Dover, 1958.
- *Selection of selfish and altruistic behavior in some extreme models*. William Donald Hamilton, in *Man and beast: comparative social behavior*, John Frederick Eisenberg et Wilton Sterling Dillon (éditeurs), Smithsonian Press, 1971.
- *The Ascent of Man*. Jacob Bronowski et Richard Dawkins, BBC Books, 2011 (une traduction française est annoncée chez Cassini).
- *Dragonbox*. Jeu vidéo sur App Store et Androïd créé par la société de Patrick Marchal, WeWanToKnow. Pour apprendre à résoudre des équations.

Bibliothèque
Tangente
L'aventure mathématique

La logique

L'astronomie

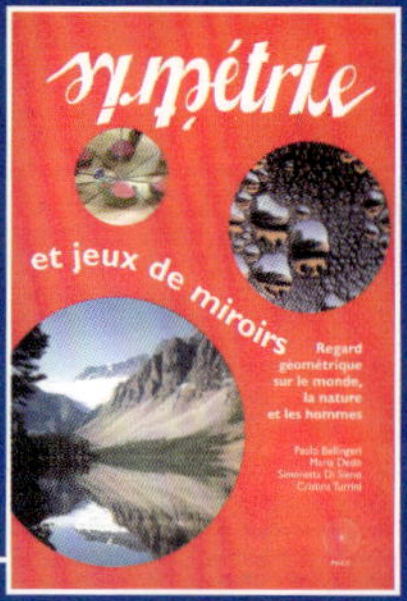

Symétrie
& jeux de miroir

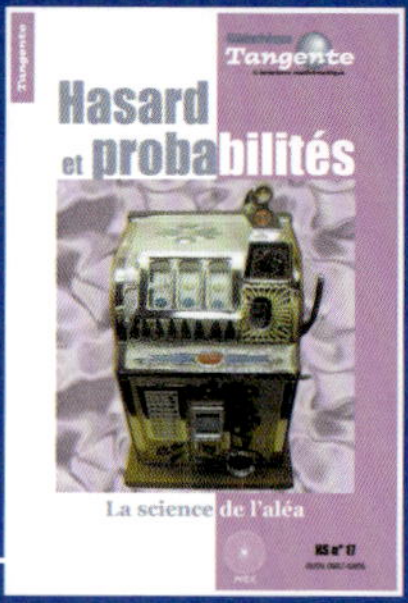

Hasard & probabilités

Les équations
algébriques

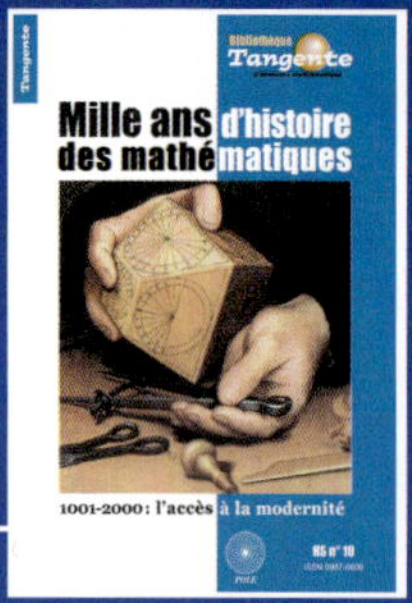

HS10
+ HS30
Toute l'histoire des mathé-matiques en 2 tomes

1000 ans d'histoire
des mathématiques

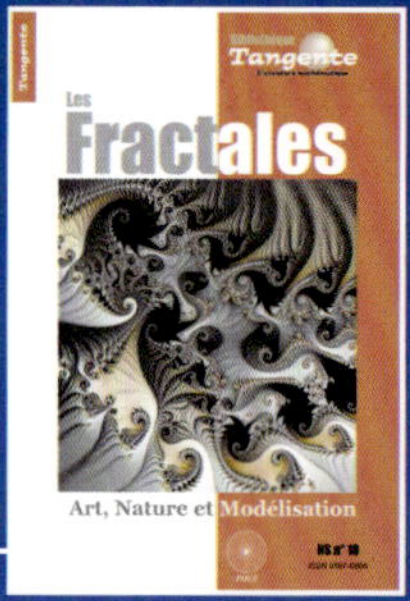

Les fractales

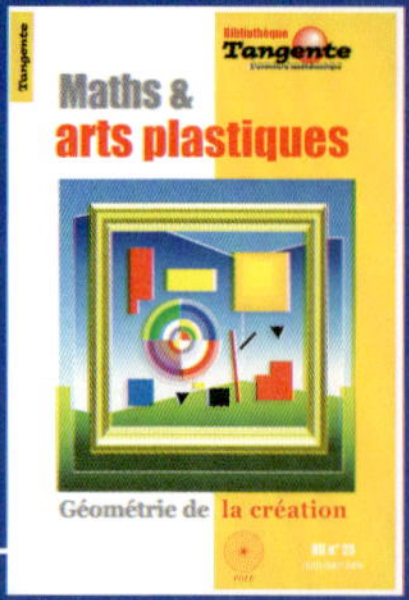

Maths
& arts plastiques

Maths & musique

Jeux Mathématiques

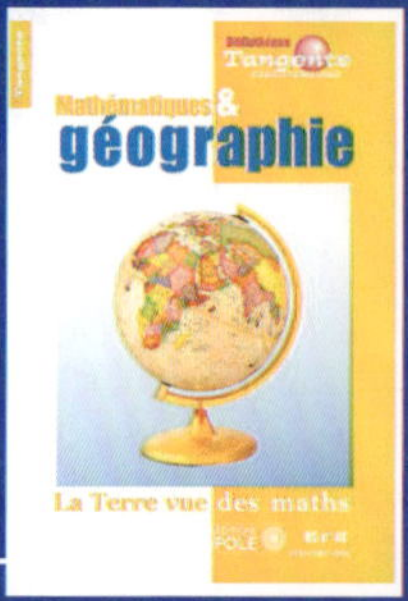

Mathématiques
et géographie

À vous de jouer !

Niveau de difficulté

- ❍ très facile
- ✔ facile
- ✔✔ pas facile
- ✔✔✔ difficile
- ✔✔✔✔ très difficile

Herbert Alexander Simon

HS4601 – Neuf cartes ✔

Deux joueurs jouent au jeu suivant. Neuf cartes sont disposées devant eux, de l'as de cœur (qui vaut 1) au 9 de cœur. Chaque joueur, à tour de rôle, en prend une. Le premier à avoir en sa possession trois cartes dont le total vaut 15 a gagné.

Existe-t-il une stratégie gagnante pour le premier joueur ?

Ce jeu est dû à l'économiste et prix Nobel américain Herbert Alexander Simon (1916–2001).

HS4602 – Des croix et des lignes ✔✔

Jean-Pierre et Gilles jouent au jeu suivant : cent croix (à quatre branches) sont disposées sur une feuille de papier. Les deux joueurs jouent alternativement. Un coup consiste à relier par un arc deux branches libres appartenant à deux croix différentes ou à la même croix, en ne traversant aucun des arcs déjà tracés, puis à ajouter sur l'arc qui vient d'être tracé un petit trait perpendiculaire, ce qui ajoute deux nouvelles branches.

Combien de coups, au maximum, seront-ils joués dans cette partie ?

Les trois premiers coups d'une partie.

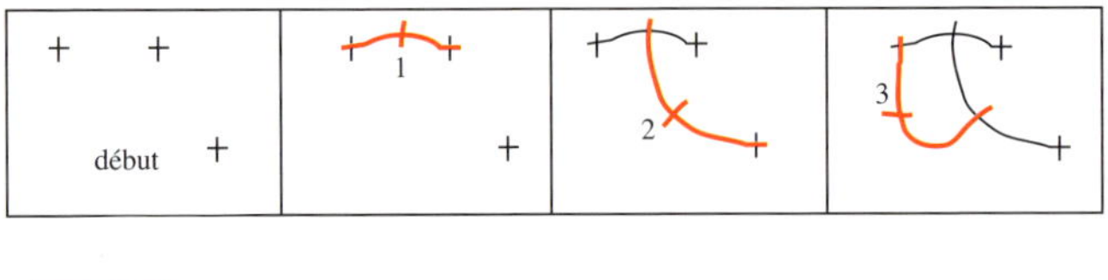

HS4603 – Le « Nim différent » ✔✔

On joue au « Nim différent » avec contrainte maximale, à savoir :

1) il faut enlever un nombre d'objets différent de celui du coup que vient de jouer l'adversaire ;

2) on se fixe la condition de ne pas prendre plus de p objets.

Pour une contrainte maximale de 5, déterminez les coups gagnants dans les positions de départ, pour 20, 21, 22, 23 objets.

HS4604 – Restez remarquables ✔✔

Dans ce problème, on appelle nombre remarquable un nombre premier, un carré parfait, ou un cube parfait. Ainsi, 131, nombre premier, 196, carré de 14, 125, cube de 5, sont des nombres remarquables.
Antony et Fabien jouent au jeu suivant : chacun, à tour de rôle, doit annoncer un nombre remarquable en ajoutant un des entiers 1, 2, 3… 12 au dernier nombre annoncé par l'adversaire.
Exemple : Fabien vient d'annoncer 89, Antony a le choix uniquement entre 97, 100 ou 101, tout autre nombre entre 90 et 101 (= 89 + 12) n'étant pas remarquable.
Le premier joueur qui ne peut plus annoncer un nombre remarquable a perdu.
La partie commence, c'est à Antony de jouer. Il a le droit de choisir un nombre remarquable compris entre 1 et 12.
Que doit-il jouer s'il veut gagner la partie contre toute défense de Fabien ?

HS4605 – Prises bicolores ✔✔✔

Le bicolore est un jeu qui oppose deux joueurs. Ces deux joueurs ont devant eux un tas constitué de 91 pions blancs et 92 pions noirs.

(c) Vacnor

Ils doivent, alternativement, ôter de 1 à 5 pions, à leur convenance, ces pions retirés du tas étant de couleurs de leur choix. Est perdant le premier qui prend le dernier pion blanc, ou qui laisse dans le tas moins de six pions noirs.
C'est à vous de jouer. **Parmi les vingt possibilités de prise qui s'offrent à vous, choisissez celle(s) qui vous permet(tent) de gagner contre toute défense de votre adversaire.**

HS4606 – Duel numérique à OK Corral ✔✔

Jean-Pierre et Gilles, redoutables lanceurs de nombres, jouent au nombre cible. Ils décident d'atteindre 2 012 à l'aide des seuls nombres 1, 8, ou 11, en utilisant uniquement l'addition.
Un joueur commence, à partir de zéro : il choisit l'un des trois nombres autorisés, qui constitue donc le premier total. De même, son adversaire choisit l'un de ces trois nombres, l'ajoute au total précédent, et annonce

le nouveau total. Les deux joueurs jouent alternativement selon le même principe. Le premier joueur qui est contraint de dépasser 2 012 a perdu, et son adversaire est par conséquent gagnant.
Jean-Pierre vient d'annoncer : *« 111 ! »*
Qui va gagner ? Quel est le prochain total que le futur gagnant doit annoncer ?

HS4607 – La revanche ✓✓✓

Jean-Pierre et Gilles s'affrontent une nouvelle fois. Jean-Pierre, qui a perdu la fois précédente, a aujourd'hui le choix du jeu. Il a apporté avec lui un sac de pions (le sac contient un nombre pair de pions) et déclare à Gilles :
« Tu vas placer sur cette table un nombre de pions au moins égal à la moitié du contenu du sac. Ensuite, nous retirerons des pions du tas ainsi formé, à tour de rôle. Tu auras le droit d'en ôter 2, 6, ou 11 d'un coup, à l'exclusion de tout autre nombre. Quant à moi, je pourrai en prendre 3, 4, ou 7 à chaque fois, à l'exclusion de tout autre nombre. Le premier qui ne peut plus prendre de pions en respectant ces règles sera déclaré perdant. Souhaites-tu commencer, ou jouer ledeuxième ? »
Gilles flaire alors le piège, et s'aperçoit que le jeu est inéquitable pour lui, quel que soit celui qui commence !
Quel est le nombre minimum de pions que contenait le sac de Jean-Pierre, lorsqu'il est arrivé ?

© kornienko - Fotolia.com

© dima_sidelnikov - Fotolia.com

HS4608 – Les cinq pirates (1) ✓✓

Cinq pirates d'âges tous différents sont sur leur navire et doivent se partager un trésor de cent pièces d'or. Ils décident de suivre la procédure suivante. Le pirate le plus âgé propose une répartition des pièces d'or et tous les pirates (y compris le plus âgé) votent pour ou contre cette proposition. Si 50 % ou plus des votes sont favorables à la proposition, celle-ci est

appliquée. Dans le cas contraire, le pirate le plus âgé est jeté à la mer et la procédure est appliquée à nouveau avec les pirates restants.
On suppose que les cinq pirates sont intelligents (!), rationnels (!!) et qu'aucun d'eux n'est suicidaire (!!!).
Que va-t-il se passer ?

HS4609 – Les cinq pirates (2) ✓✓

Cinq autres pirates d'âges tous différents doivent également se partager un trésor de cent pièces d'or. Ayant appris ce qui est arrivé à leurs collègues, ils décident de suivre une autre procédure : le pirate le plus âgé propose une répartition des pièces d'or et les autres pirates votent pour ou contre cette proposition (le plus âgé ne vote pas). Si 50 % ou plus des votes sont favorables à la proposition, celle-ci est appliquée. Dans le cas contraire, le pirate le plus âgé est jeté à la mer et la procédure est appliquée à nouveau avec les pirates restants.
On suppose que les cinq pirates sont eux aussi intelligents, rationnels et qu'aucun d'eux n'est suicidaire non plus. **Que va-t-il se passer ?**

HS4610 – Qui pair gagne ✓✓✓

Francis et José se mesurent à un jeu de nombres. Il y a 1 995 pions sur la table devant eux. Chacun, à tour de rôle, doit en prendre 1, 2, 3, 4, ou 5, à son choix. Le but du jeu est, pour chaque joueur, d'avoir pris, lorsque tous les pions sont ôtés, un nombre pair de pions. C'est Francis qui joue le premier.
Peut-il gagner ? Dans l'affirmative, quelle doit être sa première prise s'il veut être sûr de gagner quel que soit le jeu de son adversaire ?

© endris92 - Fotolia.com

HS4611 – Hex (1) ✓

Où les blancs doivent-ils jouer pour être sûrs de gagner, quel que soit le jeu de leur adversaire ?

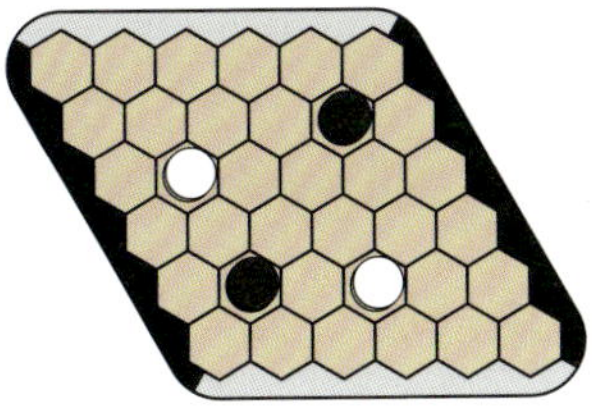

HS4612 – Hex (2) ✓

Sur ce plateau de Hex 4 × 4, vous avez les blancs.

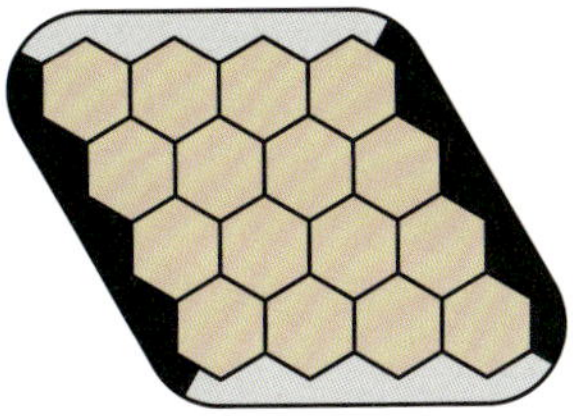

Quels sont tous les coups qui vous permettent de gagner à coup sûr ?

HS4613 - Échecs ✔

Les noirs jouent et gagnent.

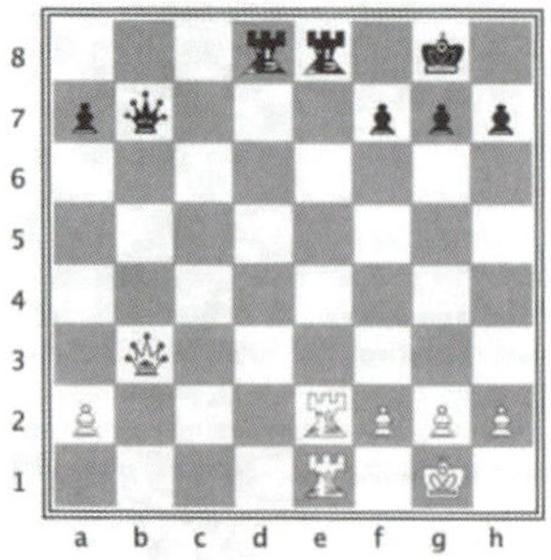

HS4614 - Dames ✔

Les blancs jouent et gagnent (il s'agit ici d'un coup connu sous le nom de *coup de mazette*).

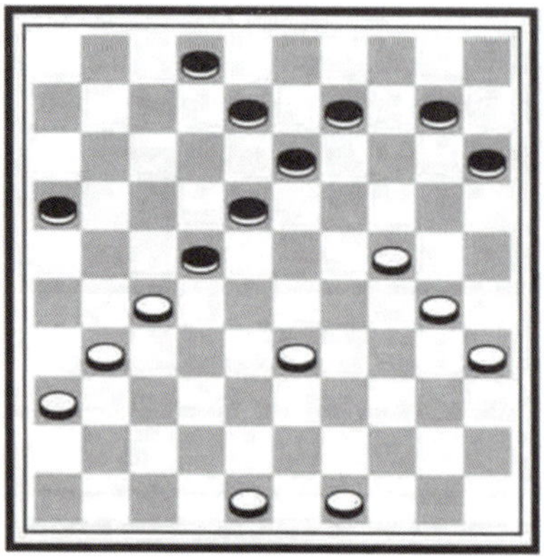

HS4615 - Go ✔

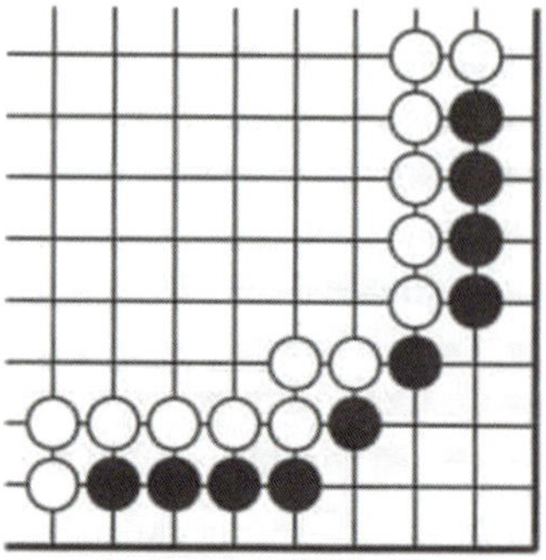

Quelle est la faiblesse dans le territoire noir qui permettra à blanc de détruire ce territoire (c'est à blanc de jouer) ?

HS4616 - Othello ✔

C'est à blanc de jouer. Il joue et gagne un coin en deux coups.

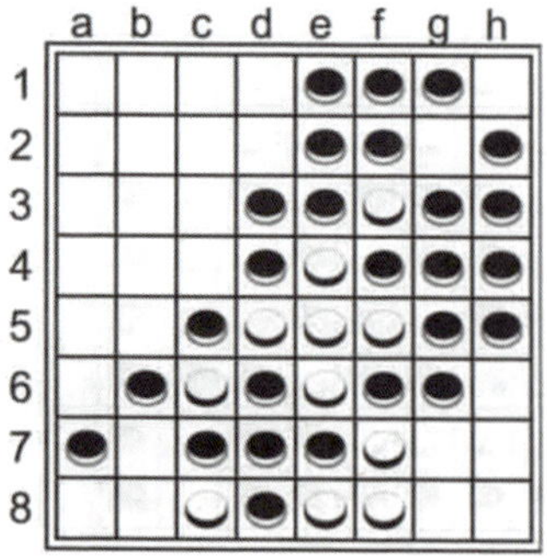

Sources des problèmes :

- *Science & Vie*, rubrique de Jean Tricot (HS4601)
- Championnat des jeux mathématiques et logiques (HS4602, HS4604, HS4605, HS4606, HS4607, HS4610)
- *Les jeux de Nim*. Jacques Bouteloup, ADCS, 1996 (HS4603)
- *Math Hysteria*. Ian Stewart, Oxford University Press, 2004 (HS4608, HS4609)
- Notice du jeu de Hex édité par le Comité international des jeux mathématiques (HS4611, HS4612)
- *Guide des grands classiques du jeu*. POLE, 2008 (HS4613, HS4614, HS4615, HS4616).

Abonnez-vous à tangente

l'aventure mathématique

••• Tangente le magazine des mathématiques •••

Pour mieux comprendre le monde : *Tangente*
Le seul magazine au monde sur les mathématiques.
Tous les deux mois depuis 25 ans.

••• Les hors-séries Bibliothèque Tangente •••

Ce sont de magnifiques ouvrages d'en moyenne 160 pages (prix unitaire 19,80 €), richement illustrés, approfondissant le sujet du dernier numéro des HS « kiosque » de *Tangente*.
Disponibles
- chez votre libraire
- avec **l'abonnement SUPERPLUS**
- avec **l'abonnement Math++**
à un prix exceptionnel (33 % de réduction).

••• Tangente Sup •••

6 numéros par an (ou 4 dont 2 doubles), destinés à ceux qui veulent aller plus loin ou aux étudiants de premier cycle. Dans chaque numéro, un dossier : Surfaces, Groupes, Galois, Prévision…

••• Les hors-séries « kiosque » •••

4 fois par an, un hors-série « kiosque » d'au moins 52 pages, explorent l'actualité des grands dossiers du savoir ou de la culture mathématique.

Les matrices, Théorie des jeux, Les grands ambassadeurs des maths
Disponibles
- chez votre marchand de journaux
- avec **l'abonnement PLUS**
- avec **l'abonnement Math+.**

••• Spécial Logique •••

Nouveau ! Dans la collection Tangente Jeux et Stratégie, un trimestriel contenant près de 200 jeux : tests de logique, grilles à remplir, énigmes mathématiques… Accès numérique gratuit pour les abonnés à la version papier.

••• Tangente Éducation •••

Trimestriel qui traite de thèmes pédagogiques variés : les programmes, les TICE, la formation des enseignants, MathC2+, l'informatique et les sciences du numérique… **Permet l'accès à de nombreuses ressources en ligne.**

---

codif : BIB46

Bulletin d'abonnement à retourner à :

Espace Tangente - 80, Bd Saint-Michel - 75006 PARIS

Nom .... Prénom ....
Établissement ....
Adresse ....
Code Postal .... Ville ....
Profession .... E-mail ....

Oui, je m'abonne à	FRANCE MÉTROPOLITAINE		EUROPE	AUTRES
	1 AN	2 ANS	Supplément par an	
TANGENTE	■ 36 €	■ 68 €	■ + 12 €	■ + 15 €
TANGENTE PLUS	■ 56 €	■ 108 €	■ + 20 €	■ + 25 €
TANGENTE SUPERPLUS	■ 88 €	■ 172 €	■ + 24 €	■ + 30 €
TANGENTE SUP	■ 25 €	■ 46 €	■ + 6 €	■ + 8 €
TANGENTE ÉDUCATION	■ 12 €	■ 22 €	■ + 2 €	■ + 3 €
SPÉCIAL LOGIQUE	■ 19,50 €	■ 37 €	■ + 8	■ + 10,50 €
ABONNEMENT MATH+ *	■ 105 €	■ 199 €	■ + 30	■ + 30 €
ABONNEMENT MATH++ **	■ 135 €	■ 260 €	■ + 32	■ + 32 €
ABONNEMENT SOUTIEN ***	■ 155 €	■ 300 €	■ + 35 €	■ + 35 €

* Tous les titres avec les HS « kiosque ». ** Tous les titres avec les HS Bibliothèque. *** Tous les titres avec les deux HS.

Total à payer

Je joins mon paiement par (établissements scolaires, joindre bon de commande administratif) :

❑ Chèque (uniquement **payable en France**)
❑ Carte (à partir de 30 €) numéro :

Date et Signature : crypto : Expiration le : ..../.........

HS4601 - Disposons les neuf cartes en un carré magique 3 × 3. Toutes les façons de réaliser une somme de 15 avec trois cartes correspondent à toutes les sommes magiques du carré. Le jeu est donc isomorphe à un jeu de *tic-tac-toe* (aussi appelé *morpion*).

La meilleure ouverture pour le premier joueur est de prendre une carte d'angle (carte portant un nombre pair) mais le second joueur, s'il joue correctement, peut toujours obtenir une partie nulle (les neuf cartes ont été prises et aucun des joueurs n'a trois cartes dont la somme vaut 15).

HS4602 - Notons tout d'abord que le nombre de « bouts » libres ne varie pas : à chaque coup, on en utilise deux, et on en crée deux. La figure finale est une projection sur le plan d'un polyèdre, et cette projection possède la propriété suivante : tous les bouts libres sont inutilisables, car il en existe un et un seul par « face », y compris la « face extérieure ». Si N désigne le nombre de croix initiales, et X le nombre de coups joués (donc de traits ajoutés), le nombre de sommets du polyèdre est N + X. À chaque coup, on ajoute une arête, que l'on divise en deux par un trait ; on ajoute donc deux arêtes. Le nombre total d'arêtes à la fin du jeu sera donc égal à 2X. Le nombre de faces, enfin, sera égal à 4N, d'après la remarque faite plus haut sur l'existence d'un bout libre par face, et l'invariance du nombre de ces bouts libres. La formule d'Euler (selon laquelle le nombre de sommets ajouté au nombre de faces est égal au nombre d'arêtes plus 2) donne ici $N + X + 4N = 2X + 2$, d'où $X = 5N - 2$. Pour $N = 100$, on obtient $X = 498$. Cette partie durera donc, au maximum, **498 coups**.

HS4603 - 20 objets est une position perdante. Pour 21 à 23 objets, le nombre d'objets à ôter sont les suivants : **21 (1 objet), 22 (1 objet ou 3 objets), 23 (5 objets).**

HS4604 - Établissons la liste des premiers nombres remarquables : 1 2 3 4 5 7 8 9 11 13 16 17 19 23 25 27 29 31 36 37 41 43 47 49 53 59 61 64 67 71 73 79 81 83 89 97 100 101 103 107 109 113 121 125 127 131 137 139 144 149 151 157 163 167 169 173 179 181 191 193 196 197 199 211 216 223 225 227 229 233 239 241 251 256 257 263 269 271 277 281 283 289 293 307…

Le premier intervalle entre deux nombres remarquables qui dépasse 12 se trouve entre 293 et 307. Si Antony réussit à annoncer le nombre 293, il gagne donc. Nous dirons que 293 est un *nombre stratégique*. Pour qu'Antony soit sûr de pouvoir annoncer 293, il faut qu'il ait préalablement annoncé 277, puisque $293 - 277 > 12$, et $293 - 281 < 12$. De proche en proche, on peut ainsi identifier les nombres stratégiques, qui doivent toujours vérifier les deux conditions suivantes :

• la différence entre un nombre stratégique et le suivant doit toujours être supérieure à 12,

Achevé d'imprimer pour le compte des Éditions POLE
sur les presses de l'imprimerie SPEI à Pulnoy (54 France)
Dépôt légal — Février 2013

Tangente Hors-série n° 46
Théorie des jeux

Tangente

Publié par les Éditions POLE
SAS au capital de 42 000 euros

Siège social
80 bd Saint-Michel – 75006 Paris
Commission paritaire : 1016 K 80883
Dépôt légal à parution

Directeur de Publication et de la Rédaction
Gilles COHEN

Rédacteur en chef adjoint
Hervé LEHNING

Secrétaire de rédaction
Édouard THOMAS, assisté de Karine BRODSKY

Ont collaboré à ce numéro
Éric ANGÉLINI, Cédric AUBOUY, Jacques BAIR, André BELLAÏCHE, Pierre BERLOQUIN, Marie BERRONDO-AGRELL, Alexis BEUVE, Éric BIRMINGHAM, Philippe BOULANGER, Élisabeth BUSSER, Michel CRITON, Jean-Paul DELAHAYE, Thierry DE LA RUE, Laurent DEMONET, Thierry DEPAULIS, Jean-Jacques DUPAS, Françoise FORGES, Bertrand HAUCHECORNE, Daniel JUSTENS, Joëlle LAMON, Mickaël LAUNAY, François LAVALLOU, Hervé LEHNING, Philippe MONGIN, Marie-José PESTEL, Benoît RITTAUD, François TARDIEU, Alain VILLENEUVE, Alain ZALMANSKI

Maquette
Thibaud DI DOMENICO, Guillaume GAIDOT, Natacha LAUGIER, Claude LUCCHINI

Photos : droits réservés

Abonnements
abo@poleditions.com
01 47 07 51 15 – Fax : 01 47 07 88 13

• la différence entre le nombre remarquable qui suit un nombre stratégique, et le nombre stratégique suivant doit, elle, au contraire, être toujours inférieure ou égale à 12.
Le plus petit nombre stratégique, et le seul qui soit inférieur ou égal à 12, est le nombre 3. Antony doit donc **annoncer 3** s'il veut être sûr de gagner, contre toute défense de Fabien.

HS4605 - Désignons par N le nombre de pions noirs restants et par B le nombre de pions blancs restants lors d'une situation donnée. La situation « $3 \leq N + B < 7$ » est gagnante pour celui qui la reçoit, puisqu'il peut atteindre la situation S en ôtant de 1 à 5 pions (en veillant à ne pas retirer tous les pions blancs ni tous les pions noirs). Par contre, la situation « $N + B = 8$ » est perdante, puisqu'elle ne permet d'atteindre qu'une situation gagnante : quel que soit le nombre de pions retirés par le joueur qui la reçoit, son adversaire pourra, en ôtant le complément de ce nombre à 6, atteindre la situation S. On peut ainsi montrer que toute situation où $N + B$ est un multiple de 6 augmenté de 2 est perdante, et que les autres situations sont gagnantes si $N > 0$ et $B > 0$. Or, $91 + 87 = 178 = 6 \times 29 + 4$. En prenant deux pions, vous laisserez à votre adversaire une situation perdante. Il y a donc **trois solutions : ôter deux pions noirs ; ôter deux pions blancs ; ôter un pion blanc et un pion noir.**

HS4606 - Ce jeu est équivalent à un jeu de Nim à un seul tas. Dans un tel jeu, les positions perdantes pour celui qui les reçoit appartiennent à ce qu'on appelle le *noyau* du jeu (à toute position du noyau, on ne peut jamais faire correspondre une autre position du noyau, et à toute position n'appartenant pas au noyau, on peut faire correspondre une position du noyau). Une analyse rétrograde à partir de 2 012 fait apparaître une périodicité de 19, mais la période n'apparaît qu'après les seize premiers nombres, qui sont hors période. On peut observer que les totaux perdants pour celui qui les reçoit sont les nombres congrus à 0, 5, 7, 10, 12, 14, et 17 modulo 19. On vérifie en effet qu'à partir de ces valeurs du noyau, on ne peut obtenir que des valeurs n'appartenant pas au noyau. Au contraire, à partir des valeurs n'appartenant pas au noyau, on peut toujours obtenir une valeur du noyau.
Le dernier total annoncé par Jean-Pierre, 111, est congru à 16 modulo 19. Il n'appartient donc pas au noyau du jeu.
C'est donc **Gilles** qui va gagner. Il peut annoncer soit **112** = 111 + 1, soit **119** = 111 + 8. En effet, 112 = 17 (mod 19) et 119 = 5 (mod 19).

HS4607 - Examinons, pour chaque nombre n de pions restant sur la table, si cette situation est gagnante ou perdante pour chacun des deux joueurs, lorsqu'il reçoit cette situation (c'est-à-dire lorsque c'est son tour de jouer), à partir de 0 pion, position évidemment perdante pour celui qui la reçoit.
On observe qu'au-delà de 31 pions les situations semblent toutes perdantes pour Gilles (et donc gagnantes pour Jean-Pierre). Une récurrence facile montre que, pour $n > 31$, la situation où il reste n pions sur la table est toujours gagnante pour Jean-Pierre, et perdante pour Gilles. Gilles doit donc sortir au moins 32 pions du sac, qui contient par conséquent **au moins 64 pions.**

HS4608 - Le pirate le plus âgé va proposer la répartition **(98 ; 0 ; 1 ; 0 ; 1) et une majorité va accepter cette proposition.**

HS4609 - Le pirate le plus âgé va proposer la répartition **(97 ; 0 ; 1 ; 0 ; 2) et deux pirates vont accepter cette proposition.**

HS4610 - Supposons que celui qui joue laisse une situation que l'on notera (i ; 6), c'est-à-dire qu'il laisse six objets et qu'il possède alors un nombre impair d'objets i. Constatons qu'il peut toujours prendre un nombre impair d'objets pour changer la parité, et ainsi gagner, en prenant le dernier objet ou en le laissant à son adversaire selon le cas. La position (i ; 6) est donc une position gagnante. De même, la position (i ; 7) est également gagnante. On montre que les positions gagnantes sont les multiples de 6 et les multiples de 6 plus 1. Les positions de type $2k \times 6$ et $2k \times 6 + 1$ seront paires et celles du type $(2k + 1) \times 6$ ou $(2k + 1) \times 6 + 1$ seront impaires. La position gagnante la plus proche de la situation de départ est (p ; 1 993). **Francis doit donc prendre deux pions** pour être assuré de gagner quel que soit le jeu de son adversaire.

HS4611 - Les blancs doivent jouer la case située au milieu du segment reliant les deux pions blancs. Ils sont alors certains de pouvoir relier deux pions blancs entre eux, ayant à chaque fois deux possibilités, et certains de pouvoir se connecter aux bords blancs quel que soit le jeu des noirs.

HS4612 - Les coups gagnants pour les blancs sont les quatre cases de la petite diagonale du plateau.

HS4613 - 1… T×e2 ! Si 2. D×b7, alors 2… T×e1 ++, et si 2. T×e2, alors 2… D×b3, 3. a×b3 Td1+ avec le mat à venir. Si les blancs jouent autre chose, ils perdent la tour e2 sans compensation, et la partie.

HS4614 - 27-21 (16×27)
24-20 (15×24)
30?19 (13×24)
33-28 (17×28)
31×15
Passage à dame gagnant.

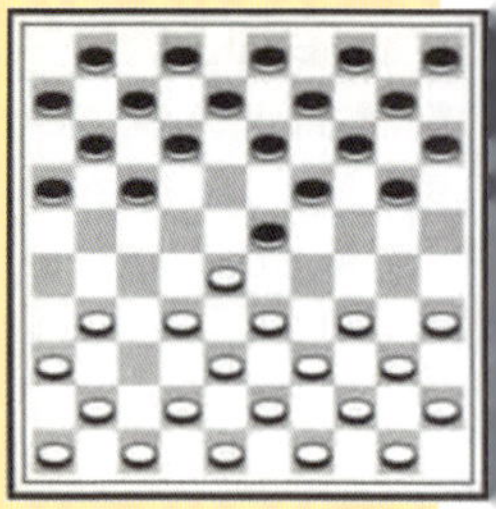

HS4615 - Blanc 1 met simultanément en atari les deux pierres noires X (c'est-à-dire que ces pierres n'ont plus qu'une seule liberté de mouvement). Le territoire noir s'évapore ; pire, il ne dispose plus d'espace pour vivre !

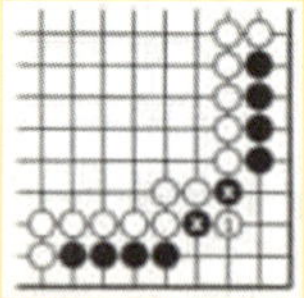

HS4616 - Les noirs ont un bon coup en b5 donc les blancs doivent essayer de le contrer. La solution consiste à jouer b7. Les noirs n'ont alors plus que trois coups : g8 qui donne h8, b8 qui donne a8 et g7 qui donne h8 et a8 (car ils retourneront aussi b7 que les blancs viennent de jouer).